新文京開發出版股份有限公司

NEW
WCDP

新世紀・新視野・新文京 — 精選教科書・考試用書・專業參考書

New Wun Ching Developmental Publishing Co., Ltd.

New Age · New Choice · The Best Selected Educational Publications — NEW WCDP

THIRD EDITION

第**3**版

有機化學

Experimental Organic Chemistry

實驗

連經憶、廖文昌　編著

　　有機化學實驗在許多大學部的課程設計中，多屬於一學期的課程，因此本書之出版，希望能給予授課教師，在設計實驗課程的內容時有參考的依據，同時也讓修習有機化學實驗的學生，能透過實驗操作建立有機化學的相關觀念。

　　這本書的特點是利用生活化的實驗題材，透過巧思的安排，將實驗理論納入每一個實驗主題中，同時附有實驗過程的照片，方便學生瞭解實驗的步驟流程，因此本書非常適合初次接觸有機化學實驗的學生使用。

　　由於實驗設計均配合課程進度，並搭配圖片說明，受各校教席採用，但教材內容需與時俱進，因此在三版時重新檢視並更新了每個實驗報告中需要學生回答的問題。藉由回答問題，鼓勵學生深入瞭解每一個實驗步驟中所蘊含的意義，希望能培養學生認真思考的習慣，而不只是照著書本依樣畫葫蘆。除了設計新的問題外，三版增加了一個新的實驗，利用胡蘿蔔中的酵素進行反應，實驗符合綠色化學的原則，同時也增加教材的多樣性。

　　最後要感謝長庚科技大學廖文昌老師，在此次改版中提供修訂建議，同時也謝謝國立嘉義大學修習有機化學實驗課的同學，對實驗教材的回饋意見；另外，對於新文京開發出版股份有限公司編輯部同仁的全力協助與專業編排，在此也一併致謝。然而雖經多次悉心校訂，但疏漏難免，希望諸位先進多多賜予指正。

連經憶 謹誌
國立嘉義大學

　　有機化學實驗是一門相當廣泛的學科，坊間的教科書為數眾多，但對一位初接觸有機化學的學生而言，內容大都過於複雜及艱深，有些在原理的論述上則過於精簡，對學生而言反而建立起學習的困擾與障礙；對授課的教師而言，有些實驗的複雜性過高，在有限的課堂時間與實驗室設備之下，可能無法得到預期的教學成效。有鑑於此，筆者與國立嘉義大學連經憶老師，將教授有機化學的經驗，結合國內、外的教科書，編寫成本書。

　　這本書的特點是實驗題材的選擇盡量生活化，將生活中的題材與有機化學的關聯性作結合，然後編寫成各個實驗單元，每個實驗單元都包含一個實驗主題，強調實驗技能與結果的實用性。在編排上，每個單元都會先進行實驗原理的說明，使學生能瞭解有機化學的基本知識，然後以照片的方式說明實驗流程，配合文字的解說，使學生能瞭解整體實驗步驟以及過程中需要注意的事項，在每個單元的最後皆附有實驗預報與結果報告的格式，學生可以直接在書本上填寫然後依虛線撕下繳交，報告的格式可以統一，同時也節省學生編寫報告的時間。

　　本書之誕生，必須感謝本書出版商新文京開發出版股份有限公司的鼎力支持，以及編輯部全體同仁的辛勞，在此一併獻上十二萬分的謝意。

　　本書雖已付梓，然疏漏與未盡完善之處在所難免，尚祈諸位學者先進不吝賜教。

廖文昌 謹誌
長庚科技大學嘉義校區

目錄
CONTENTS

實 驗室安全規則

⚠ 實驗前注意事項

1. 熟悉實驗室中各項安全設施的位置及使用方法。安全設備包括滅火器、滅火砂、滅火毯、洗眼及緊急淋浴設備、化學吸附劑、急救箱等等。

2. 實驗前應預習，熟悉實驗原理、操作步驟及藥品性質等。

3. 實驗時請取下隱形眼鏡，全程配戴護目鏡。

4. 實驗中請依規定穿著，需穿實驗衣，著長褲、包鞋，不得穿拖鞋或涼鞋。

5. 留長髮者應束紮起，額頭及臉頰兩旁的頭髮應以髮夾夾好。

6. 實驗室為嚴肅之工作場所，為維護大家的安全，禁止在實驗時嘻笑、怒罵、吸菸、喝飲料、吃東西及嚼口香糖。

7. 不可以從實驗室中攜出任何儀器設備、器具及藥品。

8. 公用儀器經助教或老師開啟後請勿擅自更改設定，如有問題，請盡快通知老師或助教。

⚠ 實驗中注意事項

1. 實驗時請認真操作，細心地觀察並記錄實驗中發生的現象。

2. 依照實驗課本用量取藥品，不可浪費。

3. 實驗時應隨時注意實驗的進度，儀器設備運轉時一定要有人在一旁看管。

4. 實驗時應保持桌面的整齊，實驗講義記錄本以外的雜物應放在置物櫃中，如果有藥品翻倒，應立即依照正確的程序處理，以免因誤觸、藥品交叉汙染發生意外。

5. 量取藥品前，應先檢查標籤，以免拿錯，發生危險。

6. 混合反應性強、反應極快或自己不熟悉的試劑時，必須先查明其性質，並應提高警覺，以免發生危險。

7. 不可用書本、筆記本等紙製品擋風或墊高加熱裝置，以避免著火。

8. 使用儀器設備前請先確認所用電壓的大小，以免因此造成儀器設備的損壞。

9. 不可將溫度計當攪拌棒使用，使用水銀溫度計時要特別注意，避免打破造成汞的洩露及汙染。

10. 強酸、強鹼、有毒煙霧及有機溶劑應在通風櫥內處理。

11. 揮發性溶劑，如酒精、丙酮、乙醚、苯、二硫化碳、冰醋酸、石油醚、甲苯、二甲苯等，均極易燃燒，請勿靠近火焰、熱源。

12. 不可以將加熱中的玻璃瓶、試管口指向任何人。

13. 加熱溶液應攪拌或加入沸石，避免突沸。不要將固體加入熱的溶液中，這樣可能使液體突沸，應先降溫後再加入固體。

14. 拿取烘箱中之器材時應用棉布手套；處理如強酸、強鹼等具腐蝕性液體時，需戴上橡皮或PE手套。

15. 聞氣味時，請將容器放在距離臉約70公分以外的地方，以手搧風，直到聞到氣味為止，千萬不可以把臉湊到容器口用力聞，以免中毒。

16. 若不慎打破玻璃器具，應小心清除碎片，避免刺傷，並告知老師。

17. 當皮膚沾到強酸或強鹼時，先使用大量清水沖洗，並立即告知老師。

18. 實驗中如感到身體不適或遇有刺激性氣體時，應立刻到室外通風處呼吸新鮮空氣。

19. 實驗中遇有意外事件發生，應即刻報告老師。

20. 實驗中如果遇到停電，應立即關閉所有儀器設備的電源。

⚠ 實驗結束後注意事項

1. 實驗結束後必須清理實驗桌並將儀器歸位，同時洗淨雙手，方可離去。

2. 值日組同學需負責完成下列工作，才可離開實驗室。

    (1) 清點、並歸還藥品及公用器材。

    (2) 清理天平及放置天平的實驗桌面。

    (3) 擦拭抽氣櫃及公用的實驗桌面。

    (4) 確認已關閉烘箱、天平、抽氣櫃、電扇及其他公用儀器之電源。

⚠ 實驗廢棄物處理

1. 固體廢棄物，如玻璃、紙屑等不可以丟入水槽內。

2. 破碎玻璃器皿應棄置於標示「廢棄玻璃回收箱」之紙箱內。

3. 除一般酸、鹼外，不得任意將化學物質倒入水槽中。高濃度的酸、鹼應先以大量的清水稀釋後，再倒入水槽中。

4. 重金屬不可以倒入水槽中，需回收倒入重金屬回收桶。為避免廢液的體積太大，增加處理的成本，避免用大量的溶劑潤洗裝有重金屬的器皿。

5. 不含鹵素的有機溶劑廢液，包括洗滌用的丙酮，必須收集後倒入不含鹵素的有機廢液回收桶。含鹵素的有機廢液則需倒入含鹵素的有機廢液回收桶。

MEMO

*Experimental Organic
Chemistry*

實驗一　熔點測定

目 的

利用熔點測定儀測定苯甲酸及未知物的熔點。

原 理

純物質有特定的物理性質，如熔點(melting point, mp)、分子量(molecular weight)、沸點(boiling point)、折射率(refractive index)、密度(density)、溶解度(solubility)等，對於未知的化合物，所測量出的物理性質可以做為初步鑑定化合物的依據，對於已知的化合物，物理性質可用來判斷純度。熔點對於有機化學家而言，是重要的物理性質，與其他物理性質相比，熔點的測定較容易，是有機化學實驗室中經常會測量的性質之一，只要有熔點測定儀即可測量固體化合物的熔點，所得到的熔點及熔點範圍的大小可以讓有機化學家快速地瞭解化合物的純度，因此熔點測定是初學有機化學實驗者必須熟悉的基本技術。

熔點的定義為定壓下（通常為一大氣壓）固體變為液體的溫度。對純物質而言，定壓下熔點與凝固點(freezing point)相同。與離子化合物相比，有機化合物的熔點較低，通常小於300℃。

一、熔點的特性

熔點的測定通常是藉由緩慢地加熱小量的固體樣品而達成，樣品由固體變為液體時的溫度範圍即為該化合物的熔點或稱之為熔點範圍(melting range)。固體中出現第一滴液滴的溫度是熔點範圍的最低值，等固體完全變為澄清液體時，該溫度即為熔點範圍的最高值，所以化合物的熔點是以特定範圍的溫度，例如121.5~124℃來表示。

　　熔點範圍的大小是化合物純度的良好指標，純度高的化合物，會在極窄的溫度範圍內熔化，所以熔點範圍小，通常在1℃以內。相反的，如果化合物的純度不足，所測得的熔點範圍大，可能大於3℃，甚至更多。一般而言化合物的熔點範圍在2℃以內即代表化合物的純度是在可接受的範圍內。

　　不純的化合物除呈現較大的熔點範圍外，熔點範圍的低值也較理論值低，例如有A、B二個尿素的樣品，樣品A所測得的熔點為130~133℃，樣品B的熔點為115~124℃，因樣品A的熔點與尿素熔點的理論值(133℃)接近，且熔點範圍小，因此由熔點的測定可以很快地比較出二者的純度。

二、熔點的測定

　　最簡單測定熔點的方式是在毛細管中填充少量的樣品，以熔點測定儀測定熔點。熔點測定儀的機型種類繁多，但基本構造相似，包括加熱裝置、溫度讀取裝置及毛細管槽（如圖1-1）。加熱的速率可自行調控，溫度讀取裝置一般為內建的溫度計，可直接由螢幕顯示溫度讀值，比較簡單的機型則需插入一般的溫度計，由刻度讀出溫度。另外熔點測定儀上還備有照射光源及放大用透鏡組，以便觀察加熱的過程是否出現液滴或其他的變化。如果實驗室中沒有熔點測定儀，最簡單的方法是將毛細管綁在溫度計上，將溫度計及裝有樣品的毛細管浸在矽油中，以油浴的方式加熱。

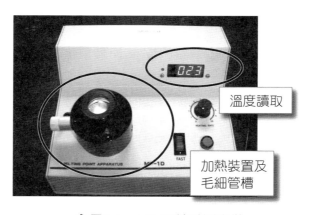

溫度讀取

加熱裝置及毛細管槽

📌 圖1-1　MP-1D熔點測定儀

　　本次實驗所用的熔點測定儀為MP-1D。此機型的儀器可以同時加熱3支毛細管，溫度讀取裝置為內建式的，可直接由LED數字顯示螢幕讀出溫度。進行熔點測定時加熱的速率由變阻器(rheostat)所控制，將儀器面板上的調節器設定轉到較高的數值則加熱的速率較快。調節器設定值與加熱速率及該設定可達到的最高溫度值隨儀器不同而不同，可參考廠商所提供的資料或在實驗前測定，以本機臺為例，每增高一設定值可使溫度升高約45℃。測定的方式是將調節器設定固定，持續加熱，定時讀取溫度，以時間對溫度作圖即為該儀器的加熱曲線（圖1-2），此曲線圖可以做為日後設定加熱調節器的依據。

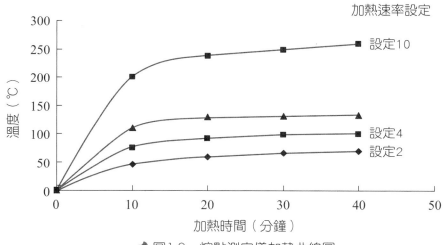

📌 圖1-2　熔點測定儀加熱曲線圖

三、溫度的校正

　　為準確測得化合物的熔點，所使用的溫度計必須要校正。一般的水銀或酒精溫度計可依標準步驟校正，含內建式溫度計的熔點測定儀可依以下方法做校正：取數個熔點已知的純物質做為標準品，用需要校正之熔點測定儀測量這些化合物的熔點，所測得的數值與理論值相比較求出修正參數(correction factor)，例如，假設尿素熔點的理論值是133℃，而所測得的熔點為131℃，所以在溫度133℃附近，這臺熔點測定儀的修正參數是「＋2°」，當樣品的熔點在133℃上下時，所測得的熔點再加上2.0℃即為校正後該化合物的熔點，記錄時可在熔點範圍後加上(corr.)代表為修正後的數值。圖1-3的範例是以標準品熔點的測量值對修正參數作圖所得的圖形。因此為了準確地得知化合物的熔點，所選擇標準品的熔點範圍最好與樣品接近。

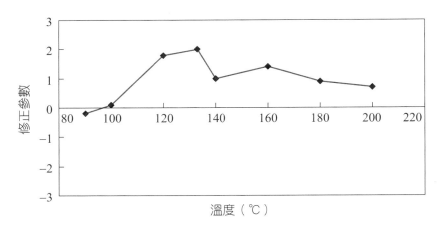

📌 圖1-3 熔點測定溫度校正曲線

四、熔點測定

測量熔點時會先取少量樣品，以研缽及杵或藥杓磨碎後填入毛細管中，再將裝有樣品的毛細管放入熔點測定儀中的毛細管槽加熱並進行觀察。對於熔點未知的化合物，可先快速地加熱，決定熔點的範圍後，再重新填充毛細管進行第二次測量，當溫度上升至熔點附近（約比預期熔點低10℃）時，應放慢加熱速率使溫度上升速率維持約1℃/min，直到固體完全熔解為止。如果是已知的化合物，可先查文獻找出熔點，省略快速測定熔點的步驟，直接進行精確的熔點測定。

如果化合物的穩定性差，在熔點測定的過程中可能因加熱而發生分解，使化合物的顏色改變、起泡或發生其他外觀上的變化，而無法測量到真正的熔點。測定的過程中如觀察到上述的現象，應記錄化合物發生變化的溫度及所觀察到的現象，或者在溫度後方加註「d」，代表在該溫度下化合物分解。化合物分解產生雜質，使熔點範圍變大，熔點就無法做為化合物鑑定及判斷純度之用。

五、毛細管填充

為順利地將樣品填入毛細管，可依圖1-4～圖1-6所示進行填充。將磨好的樣品聚集成堆，把毛細管開口的一端插入樣品中，此時少量的樣品會進入毛細管，封口處朝下輕敲桌面，可使樣品由開口處下降至毛細管底部，或者取一根長的玻璃管，將毛細管丟入管中，藉由重力將樣品緊密地填充在毛細管的底部。如無法取得長的玻璃管，可用量筒或試管取代，反覆地利用重力填充。毛細管中樣品的高度只需約1~2 mm，太多樣品或填充的不夠緊密都會造成測量時的誤差。

(a) 取少量樣品置於乾淨的錶玻璃或研缽中磨碎。如要測混合物的熔點，可將二種化合物加入研缽中，仔細研磨並均勻混合，以得到勻相(homogeneous)的樣品。

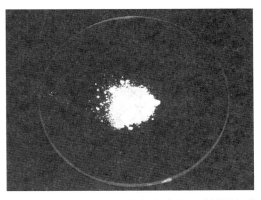

(b) 將磨好的樣品置於錶玻璃上，並堆積成小山狀。

📌 圖1-4　製備樣品

(a) 取一根毛細管，開口端朝下，將毛細管輕輕插入樣品中，此時少量的樣品會進入毛細管中。

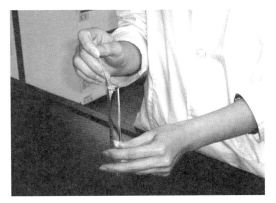

(b) 倒轉毛細管，開口端向上，以毛細管封口端輕敲桌面讓樣品自開口處下降至毛細管底部。或取出實驗抽屜內的試管，將裝有樣品的毛細管封口朝下，由試管口丟入，藉由重力的作用使樣品下降至毛細管底部。（可依狀況重複上述動作數次，使樣品能緊密的聚集在毛細管的封口端。）

📌 圖1-5　填充樣品

📌 圖1-6　填充完成之毛細管

　　本實驗分為二部分，第一部分用純度不同的苯甲酸來學習熔點的測定，並比較熔點的差異。在第二部分的實驗中將利用熔點來鑑定未知物。

實驗前作業

請查出苯甲酸、萘及乙醯苯胺的熔點並註明所用的文獻資料。

實驗器材

熔點測定儀 ⋯⋯⋯⋯⋯⋯⋯⋯⋯⋯⋯⋯⋯⋯⋯⋯⋯⋯⋯⋯⋯⋯⋯⋯⋯⋯⋯⋯⋯⋯1臺
毛細管 ⋯⋯⋯⋯⋯⋯⋯⋯⋯⋯⋯⋯⋯⋯⋯⋯⋯⋯⋯⋯⋯⋯⋯⋯⋯⋯⋯⋯⋯⋯3~5支
研缽及杵 ⋯⋯⋯⋯⋯⋯⋯⋯⋯⋯⋯⋯⋯⋯⋯⋯⋯⋯⋯⋯⋯⋯⋯⋯⋯⋯⋯⋯⋯⋯1組
藥杓 ⋯⋯⋯⋯⋯⋯⋯⋯⋯⋯⋯⋯⋯⋯⋯⋯⋯⋯⋯⋯⋯⋯⋯⋯⋯⋯⋯⋯⋯⋯⋯⋯1支
試管 ⋯⋯⋯⋯⋯⋯⋯⋯⋯⋯⋯⋯⋯⋯⋯⋯⋯⋯⋯⋯⋯⋯⋯⋯⋯⋯⋯⋯⋯⋯⋯⋯1支

藥品

苯甲酸(benzoic acid, $C_7H_6O_2$) ⋯⋯⋯⋯⋯⋯⋯⋯⋯⋯⋯⋯⋯⋯⋯⋯⋯⋯⋯0.25 g
乙醯苯胺(acetanilide, C_8H_9NO) ⋯⋯⋯⋯⋯⋯⋯⋯⋯⋯⋯⋯⋯⋯⋯⋯⋯⋯0.05 g
未知物 （苯甲酸、萘(naphthalene, $C_{10}H_8$)或乙醯苯胺）⋯⋯⋯⋯⋯⋯⋯⋯0.10 g

實驗步驟

1. 熟悉熔點測定儀的操作方法。（請詳細閱讀附錄，熔點測定儀之操作步驟。）

2. 取約0.1 g的苯甲酸，磨碎後填入毛細管。

3. 以熔點測定儀測量熔點，記錄熔點範圍。

4. 以研缽及杵均勻混合0.15 g的苯甲酸及0.05 g的乙醯苯胺。

5. 重複步驟2、3，測定含乙醯苯胺之苯甲酸樣品的熔點，並與步驟3所得的值比較。

6. 領取含未知物的樣品瓶，記錄瓶子上的標示。

7. 重複步驟2~3，測定未知物之熔點。

8. 未知物為苯甲酸、萘或乙醯苯胺，依所測得的熔點判斷未知物的種類。

注意事項

使用過的毛細管不重複使用，請丟入廢棄玻璃回收箱。

參考資料

1. Fessenden, R. J.; Fessenden, J. S. Techniques and Experiments for Organic Chemistry; PWS Publishers: Boston, Massachusetts, 1983.

實驗日期：＿＿＿＿＿＿＿＿　評分：＿＿＿＿＿＿＿＿

科系：＿＿＿＿＿＿＿＿　年級：＿＿＿＿＿＿＿＿　班級：＿＿＿＿＿＿＿＿

組別：＿＿＿＿＿＿＿＿　姓名：＿＿＿＿＿＿＿＿　學號：＿＿＿＿＿＿＿＿

實驗一 ▶ 熔點測定（預報）

一、目 的

二、實驗步驟（以文字、繪圖或流程圖的方式表示）

三、實驗前作業

1. 請查出苯甲酸、萘及乙醯苯胺的熔點並註明所用的文獻資料。

四、其他注意事項

實驗日期：＿＿＿＿＿＿　評分：＿＿＿＿＿＿

科系：＿＿＿＿＿＿　年級：＿＿＿＿＿＿　班級：＿＿＿＿＿＿

組別：＿＿＿＿＿＿　姓名：＿＿＿＿＿＿　學號：＿＿＿＿＿＿

實驗一 ▶ 熔點測定

一、實驗數據

苯甲酸樣品的熔點範圍：＿＿＿＿＿＿＿＿＿＿＿＿＿＿＿＿＿＿

含乙醯苯胺之苯甲酸樣品的熔點範圍：＿＿＿＿＿＿＿＿＿＿＿＿

未知物樣品瓶標示：＿＿＿＿＿＿＿＿＿＿＿＿＿＿＿＿＿＿＿

未知物的熔點範圍：＿＿＿＿＿＿＿＿＿＿＿＿＿＿＿＿＿＿＿

二、實驗結果（請記錄熔點測定的過程中樣品的變化）

三、討論（請依實驗數據及文獻所列之理論值討論苯甲酸樣品的純度）

四、問題回答

1. 請解釋為什麼本實驗所使用的三種化合物中萘的熔點最低？苯甲酸的熔點最高？

答：

2. 實驗時化學準備室所提供的樣品是純物質，但如果所測量出的熔點與理論質接近，但熔點範圍大，請提出合理的解釋。

答：

3. 如果測量熔點時因故離開，觀察到化合物熔化的過程但無法記錄熔點，請問應再重新填充樣品後重測？還是使用原來的樣品，降溫後等化合物回復成固態，再測一次？為什麼？

答：

目 的

利用結晶的方式純化乙醯苯胺，並熟悉結晶的原理及操作。

原 理

　　不論是用合成或萃取的方式，化學家可以在實驗室中製造或取得各式各樣具有不同功能的化合物，例如可以用天門冬胺酸(aspartic acid)及苯丙胺酸(phenylalanine)為原料，合成出代糖－阿斯巴甜(aspartame)；經常添加在食品中增加風味的麩酸鈉（monosodium glutamate；即俗稱的味精）則可以利用發酵的技術取得。在使用這些化合物之前，首先一定要關心「純度」的問題。化合物的純度不夠，不但會直接影響功能，甚至還會影響其安全性，因此絕大多數的化合物必須經過純化，去除製造過程中所產生的雜質，達到所要求的純度後才能被利用，「純化」也因此而成為實驗室及化學工業界一項重要的工作，最終目的都希望能用最安全、最經濟的方式達到有效的分離，得到最多的產物。

　　結晶(crystallization)與萃取、昇華、蒸餾及色層分析等都是用來分離及純化化合物常用的技術，結晶更是化學工業界用來純化固體物質的重要方法，因為大量生產時結晶是較容易操作的純化方式，所花費的人力及成本較少。簡單地說結晶是利用化合物在高溫及低溫時溶解度的不同而進行純化，操作時通常先將被純化的物質溶在少量、熱的溶劑中，去除顏色或固體的雜質後緩緩降溫，結出晶體。因此為確保結晶所得產物的品質，完整的結晶過程可分成以下七個步驟：(1)選擇溶劑；(2)溶解溶質；(3)脫色；(4)濾除懸浮的固體；(5)結晶；(6)收集及清洗晶體；(7)乾燥取得最後產物。

一、溶劑選擇

　　利用結晶純化物質首要步驟為選擇適合的溶劑，這也是決定最後產量的重要因素之一。適合用來結晶的溶劑應包含以下幾個條件：(1)欲純化的物質能穩定的存於溶劑中，不與溶劑反應；(2)溶劑的沸點應低於化合物的熔點；(3)高溫時化合物在該溶劑的溶解度高；(4)物質在低溫時溶解度小；(5)具適當的揮發性使產物易於乾燥；(6)毒性低、不易燃、且價格低；(7)雜質在溶劑中的溶解度最好極低或極高，當溶解度低時，雜質有機會利用過濾移除；當溶解度高時雜質會留在溶液中而不隨產物結晶析出。表2-1列舉出常用於結晶的一些溶劑。

　　如果單一溶劑無法滿足以上的條件，可以考慮使用混合溶劑，英文稱為「solvent pair」。「solvent pair」是可以互溶的二種溶劑（如表2-2），通常被純化的物質在其中一種溶劑中的溶解度佳，另一種則較差。使用「solvent pair」時會先將物質全部溶解在其中一種溶劑中，再逐滴滴入另一種溶劑，因化合物在此溶劑的溶解度較差，溶液呈現霧狀，最後再滴入第一種溶劑使沉澱回溶，此時溶液呈飽和狀態，可緩慢降溫產生結晶。

二、溶解溶質

　　欲純化的物質應溶解在最少量的溶劑中，因此加溶劑溶解化合物時應分數次，每次加入少量溶劑，直到物質完全溶解為止。溶解的過程可持續加熱、攪拌以確保所加入的溶劑不過量。溶液中如含有色雜質，可以在這時加入活性碳(activated charcoal)脫色，趁熱過濾，除去活性碳或溶液中不溶的雜質。

三、結　晶

　　過濾後的澄清濾液可以放置一旁，緩慢降溫產生晶體，降溫的過程中應避免搖晃溶液。結晶完成所需要的時間不定，一小時、數小時、甚至於數天都有可能。結晶與沉澱(precipitation)不同，結晶過程較為緩慢，得到的固體具有特定的晶形。沉澱則是固體快速地析出，因此如果降溫的速度太快，固體快速析出，便形成沉澱。沉澱所形成的固體顆粒很小，可能包含較多的雜質。在結晶的過程，固體緩慢地析出，溶質有時間堆疊、排列出特定的晶形而將雜質排除在外，因此所得到的固體通常顆粒較大，純度較佳。

在降溫的過程中如果晶體無法順利形成，應先考慮溶劑的體積是否太大，使溶液未達飽和。如不是因為濃度太低，晶體無法形成，則可用其他的方法幫助晶體析出，如加入晶種或以玻棒輕刮器壁，都可以提供晶體生長所需的核種。

結晶時可能發生的另一種狀況是「oiling out」，化合物形成與溶劑不互溶的油狀的物質。當物質的熔點小於溶劑的沸點或物質含有太多的雜質時都容易發生「oiling out」，可重新加熱溶液，使物質完全溶解，再重複降溫的過程，此時可加入少許晶種或輕刮器壁以幫助晶體的形成。

四、收集及清洗晶體

結晶完成後可用抽氣過濾的方式收集晶體，漏斗上所收集的固體被稱為「filter cake」，濾液則稱之為母液(mother liquor)，通常含有較多雜質。所得到的晶體應用少量的溶劑洗去殘留在固體表面的母液及雜質。用來清洗的溶劑需先降溫，以免清洗時發生回溶的現象。清洗時可將收集的固體移轉至燒杯中或直接將固體留在濾紙上清洗。

過濾後所得的母液除雜質外仍含有被純化的物質，如果第一次結晶所得固體的量不足，可以由母液中進行第二次結晶，得到另一批次的固體。第二批次固體的純度通常較差，但可利用再結晶而達到一定的純度。

五、脫　色

因活性碳具孔洞、表面積大且易吸附有機化合物，物質溶解後如有顏色可加入活性碳脫色。脫色時應注意千萬不可在溶液接近沸騰時加入活性碳，否則易引發突沸的現象。活性碳吸附雜質時也同時會吸附被純化的物質，因此不宜加太多。如無法確定用量，可分次每次加入少量活性碳，不夠再加，加完後檢視溶液的顏色直到得到滿意的結果為止。

六、裝置抽氣過濾

純化後的結晶通常以抽氣過濾的方式收集，再以冰的溶劑清洗固體，以下是抽氣過濾的操作方式。在水流抽氣機(aspirator)及抽氣過濾瓶間最好接上收集瓶，以避免水由水流抽氣機中流入抽氣過濾瓶，或濾液不小心被吸入真空系統中。實際操作時不一定每次都需接收集瓶，可依狀況而定。

（註：使用水流抽氣機較浪費水，建議以水流抽氣幫浦取代，同時也有較好的抽氣過濾效率。）

1. 將水流抽氣機接到水龍頭上、鎖緊。

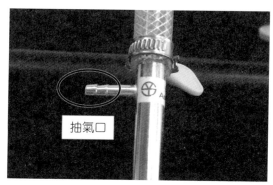

2. 依圖示將白磁漏斗、抽氣過濾瓶及收集瓶架好，瓶與瓶間以橡皮管連接。收集瓶或抽氣過濾瓶的側支開口以橡皮管連到水流抽氣機上的抽氣口。必要時應將收集瓶及抽氣過濾瓶固定在架子上，以免傾倒。打開水龍頭讓水由水流抽氣機下方開口流出，檢查系統，確認抽氣效果良好，能產生足度的真空度。

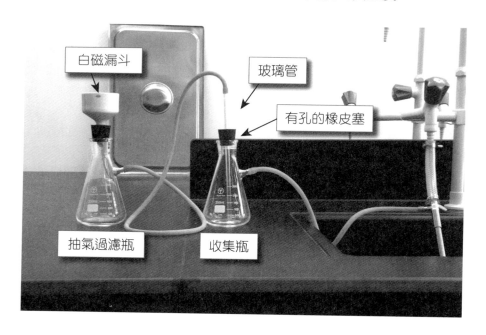

3. 在白磁漏斗上放上一張大小適當的濾紙，以確保抽氣時濾紙能緊密地貼在白磁漏斗上。

4. 以少量的溶劑潤濕濾紙，確保濾紙能與白磁漏斗密合。此時因濾紙已被潤濕，可清楚地看到白磁漏斗上的小孔，過濾前小心，不要把濾紙弄破。

5. 打開水龍頭，維持抽氣的狀態，小心地由漏斗中央、緩緩地將溶液倒入，此時濾液會很快地流入抽氣過濾瓶中。

6. 清洗固體。清洗時最好將固體移轉到小燒杯中,加入冰溶劑,攪拌、清洗,洗完後再拿新的濾紙,重新以抽氣過濾收集固體。這樣的清洗效果最好,但操作步驟較多,另一種清洗方式是過濾完後直接以冰溶劑清洗白磁漏斗上的固體。操作時仍然保持抽氣,來回移動滴管,以確定每一部分的固體都已清洗乾淨。

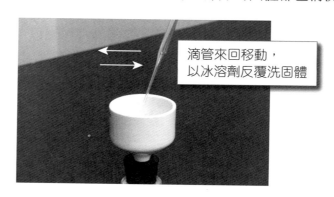

滴管來回移動,
以冰溶劑反覆洗固體

　　本次實驗將利用結晶,純化受亞甲基藍汙染的乙醯苯胺,並藉由實驗操作瞭解結晶的流程。含雜質的乙醯苯胺先溶解在定量的熱水中,完全溶解後溶液呈藍色,以活性碳脫色後緩慢降溫,降溫的過程中應可觀察到晶體的形成。最後收集固體,乾燥後計算回收率並測定回收乙醯苯胺的熔點。

★ 目 表2-1　常用於結晶的有機溶劑

溶 劑	化學式	沸點 (℃)	與水是否互溶	極 性
Water	H_2O	100	完全互溶	高
Methanol	CH_3OH	65	完全互溶	高
Ethanol	C_2H_5OH	78	完全互溶	高
Acetone	$(CH_3)_2CO$	56	完全互溶	中
Tetrahydrofuran	C_4H_8O	65	完全互溶	中
Diethyl ether	$(C_2H_5)_2O$	35	微溶	中低
Ethyl acetate	$CH_3CO_2CH_2CH_3$	77	微溶	中
Methylene chloride	CH_2Cl_2	41	不溶	中
Toluene	$C_6H_5CH_3$	111	不溶	低
Hexane	C_6H_{14}	69	不溶	非極性
Cyclohexane	C_6H_{12}	81	不溶	非極性
Petroleum ether	Mixture of hydrocarbons	40~60	不溶	非極性
Ligroin	Mixture of hydrocarbons	60~80	不溶	非極性

★ 目 表2-2 常用於結晶混合溶液的組合

Solvent Pairs	
Methanol/Water	Ether/Hexane
Ethanol/Water	Ether/Petroleum ether
Acetone/Water	Methylene chloride/Methanol
Ether/Methanol	Toluene/Ligroin
Ether/Acetone	

實驗前作業

1. 請查出乙醯苯胺、亞甲基藍的化學結構及性質。

2. 請查出活性碳的性質。

實驗器材

三角燒瓶(250 mL)⋯⋯⋯⋯⋯⋯⋯⋯⋯⋯⋯⋯⋯⋯⋯⋯⋯⋯⋯⋯ 數個

加熱攪拌器⋯⋯⋯⋯⋯⋯⋯⋯⋯⋯⋯⋯⋯⋯⋯⋯⋯⋯⋯⋯⋯⋯ 1 臺

白磁漏斗⋯⋯⋯⋯⋯⋯⋯⋯⋯⋯⋯⋯⋯⋯⋯⋯⋯⋯⋯⋯⋯⋯⋯ 1 個

冰浴鍋⋯⋯⋯⋯⋯⋯⋯⋯⋯⋯⋯⋯⋯⋯⋯⋯⋯⋯⋯⋯⋯⋯⋯⋯ 1 個

抽氣過濾裝置⋯⋯⋯⋯⋯⋯⋯⋯⋯⋯⋯⋯⋯⋯⋯⋯⋯⋯⋯⋯⋯ 1 組

濾紙⋯⋯⋯⋯⋯⋯⋯⋯⋯⋯⋯⋯⋯⋯⋯⋯⋯⋯⋯⋯⋯⋯⋯⋯⋯ 2 張

毛細管⋯⋯⋯⋯⋯⋯⋯⋯⋯⋯⋯⋯⋯⋯⋯⋯⋯⋯⋯⋯⋯⋯⋯⋯ 3 支

20-mL樣品瓶⋯⋯⋯⋯⋯⋯⋯⋯⋯⋯⋯⋯⋯⋯⋯⋯⋯⋯⋯⋯⋯ 1 個

熔點測定儀⋯⋯⋯⋯⋯⋯⋯⋯⋯⋯⋯⋯⋯⋯⋯⋯⋯⋯⋯⋯⋯⋯ 1 臺

藥 品

受汙染的乙醯苯胺(acetanilide, C_8H_9NO)⋯⋯⋯⋯⋯⋯⋯⋯⋯⋯1.00 g

活性碳⋯⋯⋯⋯⋯⋯⋯⋯⋯⋯⋯⋯⋯⋯⋯⋯⋯⋯⋯⋯⋯⋯⋯⋯0.10 g

🧪 實驗步驟

1. 秤取約1.0 g受汙染的乙醯苯胺（請確實記錄天平所顯示的質量）。

2. 將秤好的乙醯苯胺倒入三角燒瓶中，加入20 mL的去離子水及2~3顆的沸石 (boiling chips)，以加熱攪拌器加熱使化合物完全溶解。

3. 將步驟2所產生的熱溶液自加熱攪拌器移到實驗桌上，加入5 mL冷水後再加入約 0.02 g的活性碳。

4. 將步驟3的溶液重新加熱至沸騰（加熱時要小心，溶液易劇烈起泡，發生此現象 時應快速地將三角燒瓶移離熱源），持續加熱1~2分鐘。

5. 趁熱過濾去除活性碳及其他不溶的雜質。必要時以少量熱水（約4 mL）清洗三角 燒瓶及濾紙。（重力過濾，請參考附錄：濾紙之摺法）

6. 檢視濾液的顏色，如呈淡藍色，應再加入少許的活性碳，重複步驟4至5，直到濾 液呈現透明無色為止。

7. 過濾後濾液的體積大約在30 mL左右，加入2~3顆的沸石。煮沸、使溶液最後的體 積降到約20 mL左右。

8. 將裝有濾液的三角燒瓶放在實驗桌上靜置、降溫，詳細觀察濾液中的變化、並記 錄所產生的晶體。

9. 冰浴步驟8含有晶體的溶液。

10.以抽氣過濾的方法收集固體。

11.以5 mL的冰水分三次清洗所收集的固體。

12.持續抽氣過濾數分鐘以去除過多的水。

13.以烘箱烘乾所得的固體，秤重、計算回收率。

14.測定產物、純乙醯苯胺及受汙染乙醯苯胺的熔點。

📚 參│考│資│料

1. Fessenden, R. J.; Fessenden, J. S. Techniques and Experiments for Organic Chemistry; PWS Publishers: Boston, Massachusetts, 1983.

2. Eaton, D. C. Laboratory Investigations in Organic Chemistry, McGraw-Hill Inc., 1993.

實驗日期：＿＿＿＿＿＿　評分：＿＿＿＿＿＿

科系：＿＿＿＿＿＿　年級：＿＿＿＿＿＿　班級：＿＿＿＿＿＿

組別：＿＿＿＿＿＿　姓名：＿＿＿＿＿＿　學號：＿＿＿＿＿＿

實驗二 ▶ 結晶純化（預報）

一、目 的

二、實驗步驟（以文字、繪圖或流程圖的方式表示）

三、實驗前作業

1. 請查出乙醯苯胺、亞甲基藍的化學結構及性質。

2. 請查出活性碳的性質。

四、其他注意事項

實驗日期：＿＿＿＿＿＿＿　評分：＿＿＿＿＿＿＿＿

科系：＿＿＿＿＿＿＿　年級：＿＿＿＿＿＿＿　班級：＿＿＿＿＿＿＿

組別：＿＿＿＿＿＿＿　姓名：＿＿＿＿＿＿＿　學號：＿＿＿＿＿＿＿

實驗二 ▶ 結晶純化

一、實驗數據

1. 使用天平編號：＿＿＿＿＿＿＿＿＿＿＿＿＿＿＿＿＿＿＿＿＿＿＿

2. 受汙染乙醯苯胺的質量：＿＿＿＿＿＿＿＿＿＿＿＿＿＿＿＿＿＿＿

3. 回收乙醯苯胺的質量：＿＿＿＿＿＿＿＿＿＿＿＿＿＿＿＿＿＿＿＿

4. 熔點：純乙醯苯胺：＿＿＿＿＿＿＿＿＿＿＿＿＿＿＿＿＿＿＿＿

　　　　受汙染乙醯苯胺：＿＿＿＿＿＿＿＿＿＿＿＿＿＿＿＿＿

　　　　結晶純化後之乙醯苯胺：＿＿＿＿＿＿＿＿＿＿＿＿＿＿

二、實驗結果（請記錄實驗所得晶體的外觀並計算回收率）

三、討論（請說明影響回收率的因素，並依純化後乙醯苯胺的熔點測定值討論純化的結果）

四、問題回答

1. 在步驟3，加入活性碳前為什麼要先加入5 mL的冷水？

   答：

2. 步驟4中加了活性碳的溶液需重新加熱至沸騰，為什麼？

   答：

3. 請說明步驟9中使用冰浴的目的。

   答：

4. 請說明晶結與沉澱間的差異。

   答：

目 的

利用苯甲酸在水及乙酸乙酯間的分布狀況，瞭解萃取的原理，並計算分布係數，同時熟悉分液漏斗之操作。

原 理

「萃取(extraction)」不但常用在化學實驗上，日常生活中也隨時可以發現與萃取相關的例子。例如冬令時節國人喜歡食用的十全大補湯，即是在燉煮的過程中將中藥材的有效成分、香氣分子及其他化合物「萃取」到水中。萃取也可以用來去除咖啡豆中的咖啡因，使人一樣能享受咖啡香氣所帶來溫暖、幸福的感覺，但少了咖啡因，使人遠離心悸、失眠等副作用。上述的兩個例子也點出了「萃取」最主要的二大功能：(1)取得所需要的化合物；(2)移除不需要的雜質。

「萃取」的方式很多，主要是用溶劑將磨碎固體中的成分浸泡出來，例如超臨界萃取最常用加壓液化的二氧化碳當成萃取的溶劑，減壓後二氧化碳揮發，便留下萃取出的化合物。而有機化學實驗中常用到的萃取方式是兩種不互溶溶劑間的萃取(liquid-liquid extraction)，將化合物或雜質由一種溶劑「移」到另一種溶劑中，因而達到分離的效果（如圖3-1）。例如化學反應完成後，將水加入含反應溶劑、產物、無機化合物及反應副產物的混合物中，再加入與水不互溶的有機溶劑。充分混合後有機化合物會留在有機層中，無機物及其他水溶性的雜質則留在水中，因此可完成初步純化。不互溶液體間的萃取可在分液漏斗中進行。

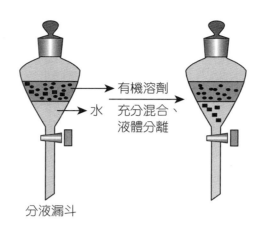

有機溶劑

水

充分混合、
液體分離

分液漏斗

📌 圖3-1　化合物在二種溶劑間之分布

　　為達到較好的萃取效果，通常會重複地進行多次萃取，因此可將萃取的步驟以流程圖表示，幫助釐清實驗時的思緒，避免造成混淆。假設實驗的目的是要用有機溶劑萃取水溶液中的有機化合物，為了能達到較高的回收率，可以萃取二次，用圖3-2表示萃取的流程，在流程圖中很明確地將需要合併、保留及丟棄的溶劑標示出。

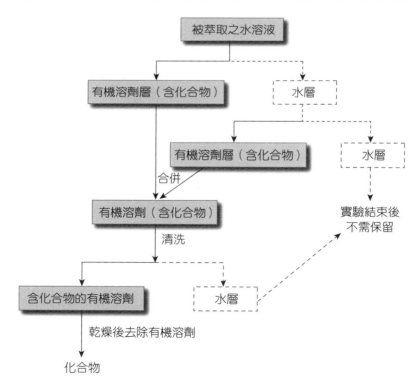

被萃取之水溶液

有機溶劑層（含化合物）　　　水層

有機溶劑層（含化合物）　　　水層

合併

有機溶劑（含化合物）

清洗

實驗結束後
不需保留

含化合物的有機溶劑　　　水層

乾燥後去除有機溶劑

化合物

📌 圖3-2　萃取流程圖。以有機溶液萃取含有機化合物的水溶液，在萃取的過程中，有機化
　　　　　合物被萃取至有機溶劑中

一、分布係數及萃取效率

液相萃取是利用定溫下，化合物在不互溶的兩種溶劑中有不同的溶解度而達成的，化合物在這二種溶劑中的分布狀況由化合物的極性決定，較具體的說法是由溶解度來決定。例如將定量的化合物甲溶於乙酸乙酯，加入與乙酸乙酯不互溶的水，混合達平衡後化合物甲一部分留在乙酸乙酯層，另一部分則進入水層，該化合物在水及乙酸乙酯層的分布情形可以用「分布係數(distribution coefficient; partition coefficient)」來表示：

$$D = \frac{C_1}{C_2} \quad\text{·· 式3-1}$$

其中D代表分布係數，C_1、C_2分別代表化合物甲在乙酸乙酯及水中的濃度。

一般而言，化合物在溶劑中的濃度需由實驗決定，較方便的方法是以溶解度取代式3-1中的濃度C_1、C_2。定溫下化合物在特定溶劑中的溶解度可以由參考文獻查出，化合物甲在兩溶劑間的分布係數即可根據式3-1算出。相反地，依據分布係數，也可推算化合物在二種溶劑中的量，進而估計萃取的效率。假設20℃時化合物甲在乙酸乙酯及水中的溶解度分別是20.0 g/100 mL及5.0 g/100 mL，則化合物甲在乙酸乙酯及水的分布係數大約等於4.0。

$$D = \frac{20.0}{5.0} = 4.0$$

如果100 mL的水溶液中溶有5.0g的化合物甲，以100 mL的乙酸乙酯萃取一次，乙酸乙酯所萃取出化合物甲的量（x 克）可以由分布係數估計。計算的過程如下：

$$達平衡後化合物甲在乙酸乙酯中的濃度 = \frac{x}{100} \text{(g/mL)}$$

$$達平衡後化合物甲在水中的濃度 = \frac{5.0 - x}{100} \text{(g/mL)}$$

代入式3-1

$$D = \dfrac{\dfrac{x}{100}}{\dfrac{5.0 - x}{100}}$$

$$4.0 = \dfrac{x}{5.0 - x}$$

$$x = 4.0 \text{ (g)}$$

由計算結果可以估計，100 mL的乙酸乙酯約可自水中萃取出4.0克的化合物甲。

如果要用等體積的乙酸乙酯由100 mL的水溶液中萃取化合物甲，最簡單的做法是一次就用100 mL的乙酸乙酯萃取。另一種方式是將100 mL的乙酸乙酯均分為二等分，每次約用50 mL的乙酸乙酯萃取，共萃取二次，二種方式所用乙酸乙酯的總體積相同，但二者的萃取效率是否相同？最後所得到化合物甲的量是否一樣？同樣地，利用上述的計算方式可以計算出以少量溶劑做多次萃取後所得化合物甲的量，此時乙酸乙酯的體積應改為50 mL，重複上述的計算二次，將二次計算所得的量加起來即是萃取所得化合物甲的量。計算結果顯示每次以50 mL溶劑萃取，萃取二次可得4.4克的化合物甲，因此使用定量的溶劑萃取，少量多次是比較有效率的方式。實驗也證明只萃取一次的效率不足，無法將所要的化合物完全萃取出，因此需反覆萃取以達到目的。

二、萃取溶劑

如果萃取的目的是由溶液中取得化合物，萃取時所用的溶劑應具備下列的特質：(1)與被萃取的溶液不互溶；(2)被萃取的化合物在萃取溶劑中的分布係數較大，其他雜質的分布係數較小；(3)萃取完後易被移除，有利於回收化合物；(4)不與被萃取的化合物或溶液中其他的物質反應；(5)安全，易操作，同時溶劑的價格不可太高。

三、乾燥劑

　　萃取時除了有機溶劑外，另一項常用的溶劑是水，因此從有機溶劑中回收產物前需先用乾燥劑將有機溶劑中殘留的水去除。常用的乾燥劑為不溶於有機溶劑的無水無機鹽，若有機溶劑含水，通常呈現半透明的霧狀，加入乾燥劑後可以觀察到溶液變得較為澄清、透明。吸水後的乾燥劑可用傾析或過濾的方法去除。表3-1列出一些常用的乾燥劑、除水速率及使用時應注意的事項。

★ 目 表3-1　常用於有機溶劑的乾燥劑

化合物名	化學式	除水速率	使用時應注意的事項
Magnesium sulfate	$MgSO_4$	快	路易士酸(Lewis acid)
Sodium sulfate	Na_2SO_4	慢	中性
Calcium chloride	$CaCl_2$	慢	可能會與含N、O的化合物如醇、胺、酮及羧酸等形成複合物
Calcium sulfate	$CaSO_4$	快	中性
Potassium carbonate	K_2CO_3	快	鹼性；可能會與酚或羧酸等酸性化合物反應

四、分液漏斗之使用方法

1. 檢查分液漏斗上端玻璃或鐵氟龍的塞子是否完全密合。

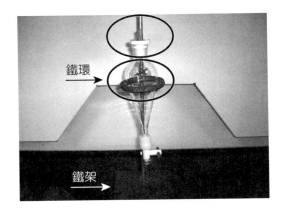

2. 檢查分液漏斗下方單孔活栓的鬆緊度是否合適。（下圖為二種常見的分液漏斗，型式稍有不同，最大差異在下端的活栓。）

3. 如果使用上圖右方的分液漏斗，下方的活栓拆開後如下圖所示，使用前請務必檢查活栓的鬆緊度。檢查時可以關閉活栓、加入少量的水、檢查液體是否會由活栓處滲漏，如有滲漏的現象應先檢查活栓是否太鬆，若太鬆可以把活栓上的紅色旋鈕轉緊，反之若太緊不好操作，可以將箭頭所指的旋鈕轉鬆。

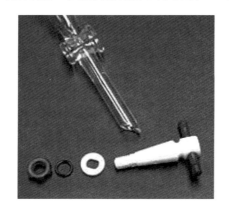 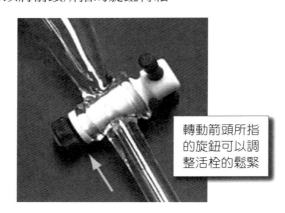

轉動箭頭所指的旋鈕可以調整活栓的鬆緊

將鐵環架在鐵架上，分液漏斗置於鐵環上。確認活栓已關閉。

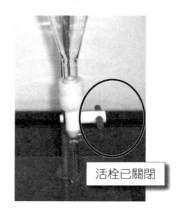

活栓已關閉

4. 將液體自分液漏斗上方倒入（可用玻璃漏斗以避免液體倒出分液漏斗外），蓋上塞子後將分液漏斗自鐵環上取下，用一隻手緊緊地壓住塞子，將分液漏斗倒置，然後打開分液漏斗之活栓、釋壓。

　　注意：(1) 釋壓時勿將分液漏斗下方開口指向同學，避免釋壓時液體噴濺，造成意外。

　　　　　(2) 蓋上塞子前可以先輕輕搖晃分液漏斗，讓液體混合，以免液體充分混合時產生大量氣體，使密閉分液漏斗中的壓力太大。

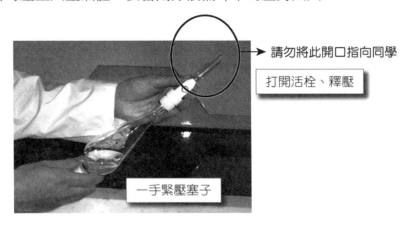

請勿將此開口指向同學

打開活栓、釋壓

一手緊壓塞子

5. 保持分液漏斗倒置、關閉活栓，輕搖分液漏斗使液體稍作混合。（可將分液漏斗在水平面方向做圓周狀晃動。）

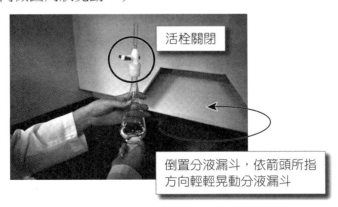

活栓關閉

倒置分液漏斗，依箭頭所指方向輕輕晃動分液漏斗

6. 關閉活栓，雙手握好分液漏斗，劇烈上下搖動使液體充分混合。混合後立即倒置分液漏斗，打開活栓以釋壓。

　　注意：(1) 釋壓時應盡量在抽氣櫃中操作。

　　　　　(2) 請注意安全，劇烈搖動或釋壓時分液漏斗下端的開口千萬不可指向自己或其他同學。

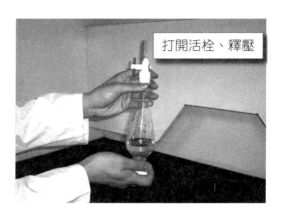

7. 重複步驟6數次。混合完成後將分液漏斗放回鐵環上，取下上端塞子，等待溶液分層。

8. 分層後下層的液體自下端活栓處漏出。如需取出上層的液體，將下層液體漏出後再由上端開口倒出。

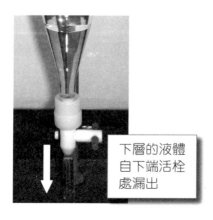

　　本次實驗將利用分液漏斗萃取苯甲酸，由此可熟悉分液漏斗的正確使用方式、計算苯甲酸在乙酸乙酯及水間的分布係數、並比較一次及多次萃取效率之差異。在第一部分的實驗中，將取定量、濃度已知的苯甲酸水溶液置於分液漏斗中，以等量的乙酸乙酯萃取，萃取後水溶液中殘留的苯甲酸再以氫氧化鈉標準溶液滴定。滴定時用酚酞做為指示劑，達終點時溶液呈淡粉紅色，因此由所消耗氫氧化鈉溶液之體積可推算一次萃取後水溶液中殘留的苯甲酸。萃取前水溶液中苯甲酸的量已知，減去萃取後水溶液中殘留的苯甲酸，所得結果即為進入乙酸乙酯層中的苯甲酸，如此即可根據式3-1求出苯甲酸在二種溶液間的分布係數。在第二部分的實驗中將等體積的乙酸乙酯分成三等份，進行三次萃取後，殘留在水中的苯甲酸以氫氧化鈉標準溶液滴定，由此可得知經多次萃取後水中所剩下苯甲酸的量。比較第一部分與第二部分的實驗結果，可以反應出一次萃取與多次萃取效率的差異。

實驗前作業

1. 請查出苯甲酸在水及乙酸乙酯中的溶解度，並註明所引用的參考資料。

2. 仿照圖3-2畫出本實驗的流程圖，標示必須保留、不必保留的部分，註明必要的處理方式（如以氫氧化鈉滴定）。

實驗器材

分液漏斗(100 mL)··1 個

量筒(100 mL) ··1 支

滴定管···1 支

移液吸管 (10 mL) ···1 支

安全吸球···1 支

三角燒瓶(125 mL)···4 個

藥品

苯甲酸(benzoic acid, $C_7H_6O_2$)水溶液 (2.9 g/L)·············60 mL

乙酸乙酯(ethyl acetate, $C_4H_8O_2$)···································60 mL

氫氧化鈉(sodium hydroxide, NaOH)標準溶液 (0.01 M)·····50 mL

酚酞指示劑 (1%)···0.5 mL

實驗步驟

一、決定苯甲酸在乙酸乙酯及水間的分布係數

1. 將鐵環架好，檢查分液漏斗。

2. 取30 mL的苯甲酸水溶液加入分液漏斗中。

3. 加入30 mL的乙酸乙酯，此時分液漏斗中應有不互溶的上、下二層溶液，請先判斷哪一層是乙酸乙酯？哪一層是水？

4. 依「分液漏斗之使用方法」釋壓、並混合二層溶液。

5. 重複步驟4數次，確認乙酸乙酯與水已充分混合。靜置，等待溶液分層。分別將水及乙酸乙酯層移入乾淨的三角燒瓶中。

6. 取一支乾淨的滴定管，用少量氫氧化鈉標準溶液潤洗，加入約30 mL氫氧化鈉標準溶液。

7. 取20 mL的水溶液，置於一乾淨的三角燒瓶中，加入1~2滴酚酞指示劑，以氫氧化鈉標準溶液滴定至終點，記錄所消耗氫氧化鈉溶液的體積。（滴定終點的判斷：溶液呈粉紅色，維持30秒不褪色即達終點。）

8. 依所消耗氫氧化鈉溶液的體積計算一次萃取後乙酸乙酯、水中苯甲酸的濃度，及苯甲酸在二種溶液間的分布係數。

二、少量多次萃取水溶液中之苯甲酸

1. 取30 mL的苯甲酸水溶液加入分液漏斗中。

   （註：第一部分使用過的分液漏斗洗淨後可以用少量的丙酮潤洗，以吹風機吹乾後再用。）

2. 加入10 mL的乙酸乙酯進行第一次萃取，溶液分層後移去乙酸乙酯層，將水溶液留在分液漏斗內，準備進行第二、三次的萃取。

3. 加入10 mL的乙酸乙酯，重複混合及釋壓的步驟，進行第二次萃取。

4. 加入10 mL的乙酸乙酯，重複混合及釋壓的步驟，進行第三次萃取。溶液分層後分別將水及乙酸乙酯層移入乾淨的三角燒瓶中。

5. 取20 mL萃取後的水溶液,置於乾淨的三角燒瓶中,加入1~2滴酚酞指示劑,以氫氧化鈉標準溶液滴定至終點,記錄所消耗氫氧化鈉溶液的體積。

6. 依所消耗氫氧化鈉溶液的體積計算多次萃取後水中苯甲酸的濃度。

7. 根據第一、二部分所得結果,比較一次及多次萃取之效率。

參|考|資|料

1. Fessenden, R. J.; Fessenden, J. S. Techniques and Experiments for Organic Chemistry; PWS Publishers: Boston, Massachusetts, 1983.

2. Eaton, D. C. Laboratory Investigations in Organic Chemistry, McGraw-Hill Inc., 1993.

3. 大學普通化學實驗第十一版,國立臺灣大學化學系,中華民國九十四年九月出版。

實驗日期：＿＿＿＿＿＿＿　評分：＿＿＿＿＿＿＿

科系：＿＿＿＿＿＿＿　年級：＿＿＿＿＿＿＿　班級：＿＿＿＿＿＿＿

組別：＿＿＿＿＿＿＿　姓名：＿＿＿＿＿＿＿　學號：＿＿＿＿＿＿＿

實驗三 ▶ 萃 取（預報）

一、目 的

二、實驗步驟（以文字、繪圖或流程圖的方式表示）

三、實驗前作業

1. 請查出苯甲酸在水及乙酸乙酯中的溶解度，並註明所引用的參考資料。

2. 請寫出實驗中苯甲酸與氫氧化鈉作用的反應方程式。

3. 仿照圖3-2畫出本實驗的流程圖，標示必須保留、不必保留的部分，註明必要的處理方式（如以氫氧化鈉滴定）。

四、其他注意事項

實驗日期：＿＿＿＿＿＿　評分：＿＿＿＿＿＿＿＿

科系：＿＿＿＿＿＿＿　年級：＿＿＿＿＿＿＿　班級：＿＿＿＿＿＿＿

組別：＿＿＿＿＿＿＿　姓名：＿＿＿＿＿＿＿　學號：＿＿＿＿＿＿＿

實驗三 ▶ 萃 取

一、實驗數據

(一) 決定苯甲酸在乙酸乙酯及水間的分布係數

1. 滴定時所用水溶液之體積(mL)：＿＿＿＿＿＿＿＿＿＿＿＿＿＿＿＿＿＿＿

2. 氫氧化鈉準溶液的濃度(M)：＿＿＿＿＿＿＿＿＿＿＿＿＿＿＿＿＿＿＿＿

滴定管讀值	
初始體積(V_i)(mL)	
終點體積(V_f)(mL)	
所消耗氫氧化鈉標準溶液之體積(ΔV)(mL)	
苯甲酸在二種溶劑中的量	
乙酸乙酯(mol)	
水(mol)	
分布係數	

(二) 少量多次萃取水溶液中所剩的苯甲酸

1. 滴定所用水溶液之體積(mL)：

2. 氫氧化鈉準溶液的濃度(M)：

滴定管讀值	
初始體積(V_i)(mL)	
終點體積(V_f)(mL)	
所消耗氫氧化鈉標準溶液之體積(ΔV)(mL)	
苯甲酸在二種溶劑中的量	
乙酸乙酯(mol)	
水(mol)	

二、實驗結果（請詳細列出第一部分實驗數據的計算過程）

三、討論（請依實驗結果比較一次及多次萃取之效率，以及實驗時影響苯甲酸在二種溶劑間分布的可能因素）

四、問題回答

1. 在步驟2中如何判斷哪一層是乙酸乙酯，哪一層是水？

　　答：

2. 苯甲酸在哪種溶劑中的溶解度較大？水或乙酸乙酯？為什麼？

　　答：

3. 請提供另一種可以取代乙酸乙酯的萃取溶劑。萃取時這種溶劑是在上層，還是在下層？

　　答：

MEMO

Experimental Organic Chemistry

目 的

利用酸鹼中和的化學變化分離酸性、中性及鹼性化合物。

原 理

　　萃取主要是利用化合物在不同的溶劑中有不同的溶解度來進行分離，最理想的狀況是化合物間的性質差異大，例如混合物中有無機的雜質及有機化合物，無機的雜質易溶在水中，而有機化合物對乙酸乙酯的溶解度大，如此便可以先將混合物溶於乙酸乙酯，再用水萃取以洗去無機的雜質，達到分離純化的效果。有時化合物對溶劑的溶解度相似，為了要達到理想的分離效果，必須先利用化學反應改變化合物的性質，以改變化合物在溶劑中的分布狀況，再進行萃取純化，像這樣的萃取方式即稱之為「化學活性萃取(chemically active extraction)」。

　　在化學活性萃取中，最常用到能夠改變化合物性質的反應就是酸鹼中和。酸鹼中和速率快、反應完全，化合物如果是酸或鹼，反應後形成鹽類，十分容易溶於水中，因此是一種最合適的反應。例如要分離含苯甲酸及苯胺的混合物，因二者都易溶於有機溶劑、難溶於水中，不易以萃取的方式分離，但如果混合物先與酸反應，混合物中只有苯胺是鹼，與酸反應而形成鹽，如此便能改變其中一個化合物的性質而有利於萃取的進行。因此先將混合物溶於乙酸乙酯中，再加入鹽酸水溶液，此時苯胺與鹽酸反應，形成鹽溶於水中，苯甲酸不受影響仍然留在乙酸乙酯層中，如此便能使二者分離（圖4-1）。

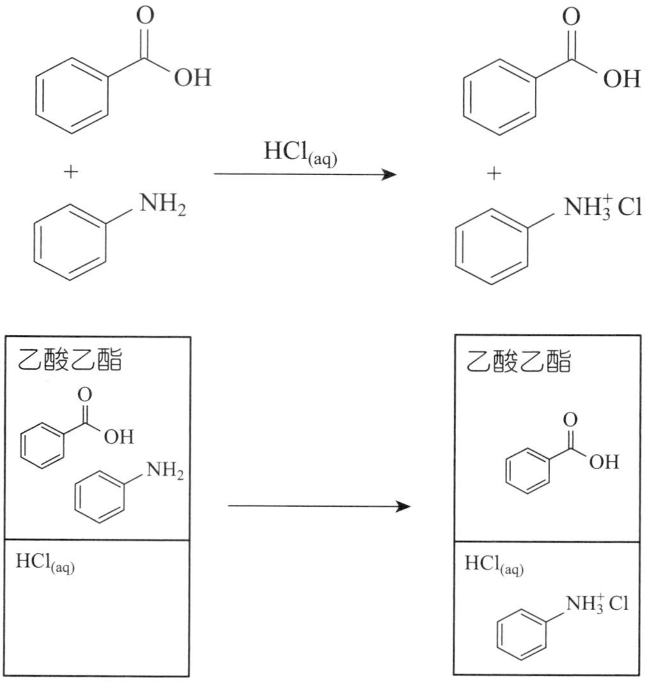

🔖 圖4-1　苯甲酸/苯胺混合物的化學活性萃取

　　大部分的有機化合物是中性的，其中**羧酸及酚屬於弱酸，胺是弱鹼**，因此這三大類的化合物可以用上述的化學活性萃取法分離。羧酸的pK_a在5附近，酚是更弱的酸，pK_a約等於10，二者都可以與氫氧化鈉等強鹼反應；弱鹼如碳酸氫鈉則只能中和酸性較強的羧酸，無法與酚反應，因此可利用這個特性，調整鹼加入的順序來分離羧酸及酚。如果要將胺與其他有機化合物分離，則需加入酸，形成胺鹽。萃取完成後再重新調整溶液的酸鹼度，讓形成鹽類的化合物析出，以便回收。以下列出常用來中和胺、羧酸及酚的的酸、鹼溶液及其濃度：

胺：　　5~10%鹽酸水溶液
羧酸：　5%碳酸氫鈉水溶液
酚：　　5%氫氧化鈉水溶液

　　本次實驗將利用化學活性萃取，分離苯甲酸、對-羥基苯甲酸甲酯及二丁基羥基甲苯的混合物，前二個化合物具有防腐及抗菌的功能，第三個化合物為安定劑，具有抗氧化的功效。在結構上，三者分別有羧酸或酚的官能基，易溶於乙酸乙酯，不溶於水。三者都是弱酸但酸度不同，苯甲酸的pK_a等於4.19，對-羥基苯甲酸甲酯及二丁基羥基甲苯的pK_a分別在8.34及12.55附近（圖4-2）。

pK_a = 4.19
苯甲酸
(benzoic acid)

pK_a = 8.34
methyl 4-hydroxybenzoate
對–羥基苯甲酸甲酯
(methyl paraben)

pK_a = 12.55
2,6-di-*tert*-butyl-4-methylphenol
二丁基羥基甲苯
(butylated hydroxytoluene)

📌 圖4-2　苯甲酸、對–羥基苯甲酸甲酯及二丁基羥基甲苯的化學結構。

　　分離時將混合物溶在乙酸乙酯中，先加入碳酸氫鈉。碳酸氫鈉只中和苯甲酸，讓苯甲酸進入水溶液中。此時已將苯甲酸與其他二者分離，再加入氫氧化鈉水溶液，進行另一次萃取，這時對–羥基苯甲酸甲酯被中和，進入水層，乙酸乙酯溶液中還留有第三個化合物。加入過量的鹽酸到水溶液中就能使化合物析出，收集、清洗、烘乾可以得到苯甲酸及對–羥基苯甲酸甲酯，如果需要第三個化合物，去除乙酸乙酯後可以得到二丁基羥基甲苯。

實驗前作業

1. 請寫出苯甲酸、對–羥基苯甲酸甲酯及二丁基羥基甲苯與本實驗所用的鹼的反應方程式。

2. 仿照實驗三的流程圖，畫出本實驗的萃取流程，並標示每一溶劑中所含的化合物。

實驗器材

分液漏斗(100 mL)···1 個

量筒(100 mL)··1 個

三角燒瓶(125 mL)··3 個

20-mL樣品瓶··2 個

水浴鍋··1 個

抽氣過濾裝置··1 組

熔點測定儀···1 臺

毛細管 ·· 3 支

濾紙 ··· 2 張

藍色石蕊試紙或酸鹼度試紙

🧪 藥品

苯甲酸(benzoic acid, $C_7H_6O_2$) ························· 1.0 g

對-羥基苯甲酸甲酯(methyl paraben, $C_8H_8O_3$) ············ 1.0 g

二丁基羥基甲苯(butylated hydroxytoluene, $C_{15}H_{24}O$)········· 1.0 g

乙酸乙酯(diethyl ether) ······························· 20 mL

10%碳酸氫鈉(sodium bicarbonate, $NaHCO_3$)水溶液 ········ 40 mL

5%氫氧化鈉(sodium hydroxide, NaOH)水溶液··············· 20 mL

濃鹽酸(hydrochloric acid, HCl) ···················· 3~6 mL

🧪 實驗步驟

1. 分別秤取1.0 g的苯甲酸、對-羥基苯甲酸甲酯及二丁基羥基甲苯，置於同一個 125-mL的三角燒瓶中。

2. 加入15 mL的乙酸乙酯溶解混合物。（注意：乙酸乙酯的沸點低且易燃。）

3. 將步驟2的乙酸乙酯溶液轉置於分液漏斗中。三角燒瓶以5 mL乙酸乙酯潤洗，將洗液倒入分液漏斗中，此時分液漏斗中溶液的體積應接近20 mL。

4. 將20 mL10%的碳酸氫鈉水溶液倒入分液漏斗，進行第一次萃取（分液漏斗的使用方法請參考實驗三原理）。溶液分層後取出水層將乙酸乙酯層留在分液漏斗中。

5. 加入20 mL10%的碳酸氫鈉水溶液進行第二次萃取，溶液分層後將乙酸乙酯層留在分液漏斗中，取出水層，與步驟4的水層合併，標示「萃取液1」。

6. 取20 mL 5%的氫氧化鈉水溶液，冰浴。

7. 將步驟6中冰浴過的氫氧化鈉水溶液加入分液漏斗中，進行另一次的萃取。溶液分層後將乙酸乙酯層留在分液漏斗中，取出水層，標示「萃取液2」。

（註：萃取後剩下的乙酸乙酯可以留下來，去除乙酸乙酯後回收二丁基羥基甲苯，如不回收，應倒入不含鹵素的有機廢液回收桶。）

8. 緩慢地將濃鹽酸逐滴加入標示「萃取液1」的水溶液中，混合均勻。在滴加的過程中會看見起泡的現象，同時可觀察到沉澱析出。

9. 以藍色石蕊試紙測量溶液的酸鹼度，當溶液呈酸性時將含有沉澱的玻璃器皿置入水浴鍋冰浴數分鐘。

10. 抽氣過濾收集固體，乾燥後秤重。

11. 在標示「萃取液2」的水溶液中逐滴加入濃鹽酸，觀察到沉澱析出。

12. 重複步驟9、10收集所產生的固體，乾燥後秤重。

13. 測量回收苯甲酸、對-羥基苯甲酸甲酯的熔點。由回收率及熔點檢視二者的純度，同時檢視加入氫氧化鈉進行第二次萃取時是否也會將部分的二丁基羥基甲苯萃取出來。

注意事項

1. 如果實驗結束時無法將回收的苯甲酸及對-羥基苯甲酸甲酯烘乾，可以先將化合物裝在樣品瓶中，下次實驗前烘乾。

參|考|資|料

1. Fessenden, R. J.; Fessenden, J. S. Techniques and Experiments for Organic Chemistry; PWS Publishers: Boston, Massachusetts, 1983.

實驗日期：＿＿＿＿＿＿＿　評分：＿＿＿＿＿＿＿＿

科系：＿＿＿＿＿＿＿＿　年級：＿＿＿＿＿＿＿　班級：＿＿＿＿＿＿＿＿＿

組別：＿＿＿＿＿＿＿＿　姓名：＿＿＿＿＿＿＿　學號：＿＿＿＿＿＿＿＿＿

實驗四 ▶ 利用化學變化分離混合物（預報）

一、目 的

二、實驗步驟（以文字、繪圖或流程圖的方式表示）

三、實驗前作業

1. 請寫出苯甲酸、對–羥基苯甲酸甲酯及二丁基羥基甲苯與本實驗所用的鹼的反應方程式。

2. 仿照實驗三的流程圖,畫出本實驗的萃取流程,並標示每一溶劑中所含的化合物。

四、其他注意事項

實驗日期：＿＿＿＿＿＿　　評分：＿＿＿＿＿＿＿

科系：＿＿＿＿＿＿＿　年級：＿＿＿＿＿＿　班級：＿＿＿＿＿＿＿

組別：＿＿＿＿＿＿　　姓名：＿＿＿＿＿＿　學號：＿＿＿＿＿＿＿

實驗四 ▶ 利用化學變化分離混合物

一、實驗數據

1. 使用天平編號：＿＿＿＿＿＿＿＿＿＿＿＿＿＿＿＿＿＿＿

2. 萃取前苯甲酸的質量(g)：＿＿＿＿＿＿＿＿＿＿＿＿＿＿＿＿

3. 萃取前對-羥基苯甲酸甲酯的質量(g)：＿＿＿＿＿＿＿＿＿＿

4. 萃取後回收苯甲酸的質量(g)：＿＿＿＿＿＿＿＿＿＿＿＿＿＿

5. 萃取後回收對-羥基苯甲酸甲酯的質量(g)：＿＿＿＿＿＿＿＿

6. 回收苯甲酸的熔點(℃)：＿＿＿＿＿＿＿＿＿＿＿＿＿＿＿＿

7. 回收對-羥基苯甲酸甲酯的熔點(℃)：＿＿＿＿＿＿＿＿＿＿

二、實驗結果（記錄回收苯甲酸及對-羥基苯甲酸甲酯的外觀，並計 算回收率）

三、討論（討論影響回收率的可能因素，及回收苯甲酸及對–羥基苯甲酸甲酯的純度）

四、問題回答

1. 為什麼用10%碳酸氫鈉萃取時需要萃取二次（步驟4、5）？

   答：

2. 為什麼在步驟8中加入濃鹽酸時會有起泡的現象？

   答：

3. 為什麼在步驟9中要用藍色石蕊試紙測量溶液的酸鹼度？

   答：

4. 寫出步驟6及9冰浴的目的。

   答：

目 的

利用薄層色層分析分析胺基酸標準品，並學習色層分析的原理及操作。

原 理

色層分析的發展最早可追溯至西元1901年，俄國的植物學家Michael Tswett發明了吸附色層分析(adsorption chromatography)。Michael Tswett由綠葉中萃取一些色素，再將混合物加入填有碳酸鈣的玻璃管，以石油醚及酒精的混合溶液沖洗管柱，原本呈單一顏色的混合物在管柱中移動而形成數個顏色不同的區段。Michael Tswett將此分析方法稱之為「chromatography」，由此方法分離出葉綠素(chlorophylls)及類胡蘿蔔素(carotenoids)。

「Chromatography」在希臘文原有顏色之意，中文稱為「色層分析」，發展至今已經成為最常用來分離混合物的技術之一。有機化學實驗室常用的色層分析方法包括管柱色層分析（column chromatography，簡稱管柱層析）及薄層色層分析（thin-layer chromatography，簡稱TLC），以上二種型式的色層分析其基本原理相同，差異只在於操作的方式及樣品的用量。管柱色層分析可用來純化混合物，依樣品的量選擇大小適合的管柱，在理想的狀況下，混合物經過一次或數次管柱層析，便可分離成為純物質。為了要得到最佳的分離效果，管柱層析前會先用薄層色層分析尋找適當的純化條件。除此之外薄層色層分析還可用在鑑定化合物、決定混合物中物質的數目、判斷純度、追蹤進行中的化學反應等多方面，屬於定性分析的工具，具有樣品用量少、操作成本低、簡單、能快速取得結果等優點。

最簡單的色層分析是用濾紙分析葉綠素，將綠葉萃取物點在一張長條型的濾紙上，濾紙的底部浸在丙酮中，丙酮藉由毛細現象向上爬升，不久就可以在濾紙上看到黃色及綠色的點（圖5-1：濾紙色層分析示意圖），分別代表葉黃素及葉綠素。因

葉黃素及葉綠素對濾紙的吸附力不同，溶劑脫附並攜帶二者向上移動的能力也不相同而造成分離。在分離的過程，濾紙不移動稱為固定相（stationary phase，有時被稱為靜相），丙酮「向上移動」則稱為移動相(mobile phase)。溶劑脫附並攜帶化合物向上移動的模式可稱為「展開(development)」。所用的移動相又稱為展開液，裝有移動相的玻璃器皿則稱為展開槽。

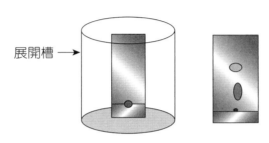

展開槽 →

🔖 圖5-1　綠葉萃取物濾紙色層分析示意圖

一、R$_f$值及TLC結果之判讀

薄層色層分析顧名思義是將一層薄薄的固定相塗布在玻璃板或鋁質金屬薄片上，用塗了固定相的薄片進行色層分析。操作方式與上述的葉綠素分析相仿，視需求裁剪出大小合宜的長方型TLC片，用毛細管沾取少量的樣品，點在TLC片接近底部的地方，置於展開槽中展開。待溶劑移動到TLC片上端後取出，在溶劑尚未完全揮發前立即用鉛筆畫出溶劑上升路徑的最前端(solvent front)，代表移動相爬升的距離，顯色後即可觀察TLC片上的點及其分離狀況（圖5-2）。記錄時除了要注意溶劑移動的距離外，TLC片上所顯示點的數目、形狀等資訊也要一併記錄。圖5-2是色層分析結果的示意圖，TLC片上除原點外還有三個點，每一點代表至少一種化合物，點的形狀可以是圓形、長橢圓形、甚至於如彗星般有拖尾的現象，依化合物的量及其與固定相間的作用力而定。

為了明確地描述點在TLC片上的分布狀況，每一種化合物所走的距離可以用R$_f$值表示：

$$R_f = \frac{化合物所走的距離}{展開溶劑所走的距離}$$　⋯⋯⋯⋯⋯⋯⋯⋯⋯⋯ 式5-1

原樣品點到新產生點中心的長度代表化合物移動的距離，原樣品點到「solvent front」的長度則代表展開溶劑所走的距離，二者的比值即為R$_f$值。與化合物相比，溶劑移動速率最快，化合物與固定相間有不同程度的作用力，所以化合物移動速率

較慢，因此任何一種物質的R_f值一定會介於0與1間。化合物在一定的分析條件下有特定的R_f值，是鑑定化合物的良好指標，例如要知道樣品中是否含有咖啡因，只要同時分析樣品及咖啡因標準品，檢視TLC片上點的分布狀況，如發現樣品在與咖啡因標準品等高的地方出現點，該點即可能是咖啡因，代表樣品中應含有咖啡因。因為在相同的展開液中，樣品中的咖啡因與標準品移動的速率應相同，所以二者的R_f值應十分接近甚至完全相同（如圖5-3）。

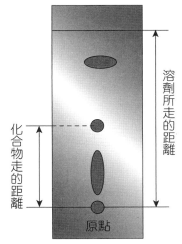

化合物走的距離

溶劑所走的距離

原點

📌 圖5-2　色層分析結果示意圖

咖啡因標準品

樣品

展開

咖啡因

📌 圖5-3　鑑定樣品中是否含有咖啡因

二、固定相對分離之影響

　　TLC片上塗布的固定相最常見的是矽膠(silica gel)。一般矽膠的表面是極性的，展開液為有機溶劑，這樣的吸附材質稱為正相的固定相(normal stationary phase)。在這種組合中，極性分子與正相固定相間的作用力較強，所以極性大的物質在板上移動的速率較慢，所走距離較短。如果混合物中有烷及醇二種化合物，以塗有正相固定相的TLC片分析（簡稱為正相TLC片），展開後板上會出現二個點，因醇類化合物的極性較大，會出現在TLC片下方較接近原點的位置，R_f值較小，相反地，烷類化合物因極性較小，會出現在醇的上方。另一種常用的吸附材質為逆相的固定相(reversed stationary phase)，是在正相的矽膠用化學修飾的方法接上非極性的基團，降低矽膠表面的極性，因此逆相矽膠與非極性分子間的作用力較強，極性低的分子在板上移動的距離短，R_f值較小，所使用的展開液通常是甲醇(methanol)或乙腈(acetonitrile)等極性高的溶劑與水的混合物。圖5-4為矽膠的示意圖，接在矽膠表面改變其極性的基團很多，最常見的是含十八個碳的烷基。

$$\text{Si}-\text{O}-\underset{\underset{\text{CH}}{|}}{\overset{\overset{\text{CH}}{|}}{\text{Si}}}-\text{OH} \xrightarrow{\text{化學修飾}} \text{Si}-\text{O}-\underset{\underset{\text{CH}}{|}}{\overset{\overset{\text{CH}}{|}}{\text{Si}}}-(\text{CH}_2)_{17}\text{CH}_3$$

$$\sim\!\!\sim\!\!\text{Si}-\text{OH} + \text{ClSi}-\underset{\underset{\text{CH}_3}{|}}{\overset{\overset{\text{CH}_3}{|}}{}}(\text{CH}_2)_{17}\text{CH}_3 \xrightarrow{\text{-HCl}} \sim\!\!\sim\!\!\text{Si}-\text{O}-\underset{\underset{\text{CH}_3}{|}}{\overset{\overset{\text{CH}_3}{|}}{\text{Si}}}-(\text{CH}_2)_{17}\text{CH}_3$$

🖋 圖5-4　表面修飾矽膠之示意圖

三、移動相對化合物R_f值之影響

　　化合物在板上移動的距離也會受展開液極性的影響。對正相的TLC片而言，極性高的移動相與固定相的作用強，易取代化合物吸附在固定相表面，使化合物能在板上移動較長的距離。舉例來說，如果以正己烷當展開液分析醇類化合物，因正己烷的極性低無法有效地置換醇類化合物，使化合物的R_f值偏低，而樣品中的化合物因R_f值太小無法達到理想的分離效果，在TLC片上看到的現象是所有的點聚集在一起（圖5-5），為解決這個問題，可以增加展開液的極性，例如加入一定比例的乙酸乙酯，如此便能增加化合物移動的距離，提高R_f值而達到理想的分離效果。表5-1依極性大小列出常用在色層分析的溶劑。

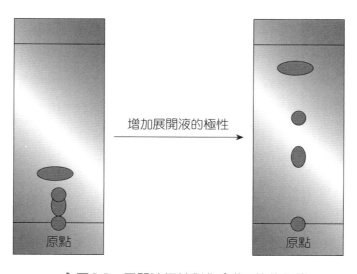

🖋 圖5-5　展開液極性對化合物R_f值的影響

四、顯　色

　　化合物如果有顏色，展開後可以直接觀察，但大部分的化合物是無色的，必須經「顯色」才能看到結果。如果所用的TLC片已事先塗布一層螢光的物質，可以將TLC片放在紫外光燈下直接觀察。在短波紫外光的照射下，塗布螢光物質的TLC片呈現螢光綠的顏色，如果有機化合物能吸收紫外光，便會在板上顯現出黑點，黑點的數目代表樣品中所含化合物的數目。另一種常用的顯色方法是用碘蒸氣。將展開後的TLC片放在含有碘蒸氣的玻璃瓶中，大部分的有機化合物會與碘蒸氣形成有顏色的複合物，在板上呈現黃、黃棕或紫色的點，但如果TLC片在碘蒸氣中暴露太久，底色太深，有些化合物會無法辨識。顯色後的TLC片放置太久會因碘昇華而使一些點消失不見，因此顯色後要用鉛筆把所看到的點畫下來。通常化合物在結構上要有雙鍵或苯環，才容易用紫外光或碘的方式顯色，否則就需要在TLC片上噴灑濃硫酸加熱後觀察，此時不論化合物是否含雙鍵或苯環皆呈現黑色的點，因此可以看出樣品中所有的化合物。但這個顯色方法具破壞性，會造成化合物碳化，使化合物無法再回收。

　　化合物如果含胺類的官能基則可以用茚三酮(ninhydrin)的方法顯色。一級、二級胺與茚三酮反應呈現藍紫色的化合物，因此可將含茚三酮的溶液噴灑在TLC片上、加熱，觀察板上的點所呈現的顏色。茚三酮顯色法常用在農業、生化、環境科學、食品或法律的鑑定等多方面，其中包括蛋白質、胜肽及胺基酸的分析。因大部分的胺基酸有一級的胺基，因此與茚三酮反應會呈現明顯的藍紫色。

五、薄層色層分析之操作

1. 一般大學部有機化學實驗室中所用的TLC片如圖所示，為表面塗布矽膠的鋁質薄片。未裁剪前的TLC片長寬各約為20公分，可依需求剪裁成適合的大小。胺基酸色層分析實驗中所使用的是已裁好的TLC片，長約5公分、寬約為2.5～3公分。

前面：矽膠

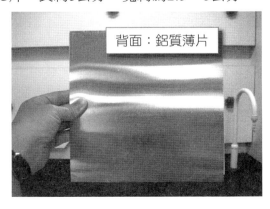

背面：鋁質薄片

2. 準備TLC片。以鑷子取出一片表面完整的TLC片，白色矽膠朝上置於實驗桌上。
（拿取TLC片時應避免手指直接觸摸矽膠表面，以食指及大拇指捏住TLC片的邊
緣。）用鉛筆自距離TLC片底部約1公分處輕輕的畫一條直線，依所分析樣品的
數目分別標示樣品名。

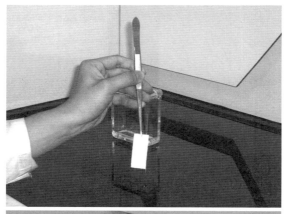

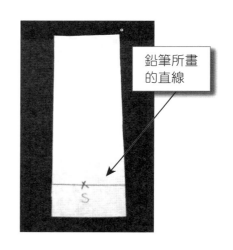

鉛筆所畫
的直線

3. 點樣品。取乾淨的毛細管（毛細管的製備請參考附錄四）沾少量樣品，開口端輕
觸矽膠表面，此時樣品會從毛細管流到TLC片，吸附在矽膠上。

注意： (1) 沾有樣品的毛細管接觸矽膠面的時間不可過長，以免因擴散所點的樣
品點過大。

(2) 如果樣品的濃度太低可重複上述「點」樣品的動作，但每次重複點樣
品前需先等矽膠上樣品點的溶劑揮發，以免樣品點太大。

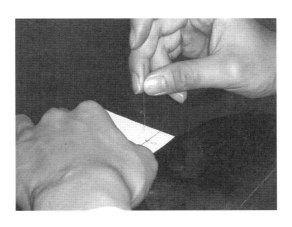

4. 準備展開槽。取一張濾紙依展開槽的形式裁成合適的大小，使濾紙能剛好放入展開槽中。將配好的展開液倒入展開槽中，放入裁好的濾紙，緩慢傾斜展開槽，使展開液能將濾紙完全潤濕。

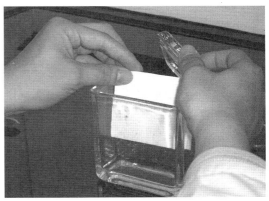

5. 展開。以鑷子夾住點好的TLC片放入準備好的展開槽中展開。展開時可以看到展開液緩慢上升。

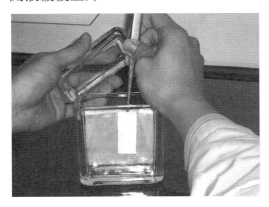

6. 等展開液上升到接近頂端時，以鑷子取出TLC片，迅速地用鉛筆畫下「solvent front」，在抽氣櫃中讓展開液揮發。

7. 顯色。依樣品選擇適合的顯色方式，例如可以將展開後的TLC片放在紫外光燈下觀察，開短波、用鉛筆把所看到的暗點圈出。

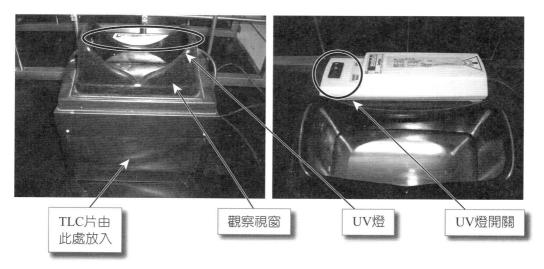

TLC片由此處放入　　觀察視窗　　UV燈　　UV燈開關

（註：為了能在圖中清楚地看到展開的過程，樣品點是用藍筆點上，展開液為正己烷，分析條件不合適，所以展開結果呈現帶狀而非講義所示的「點」。）

　　本次實驗是以正相的TLC片分析酪胺酸(tyrosine)、纈胺酸(valine)、丙胺酸(alanine)、甘胺酸(glycine)、組胺酸(histidine)、離胺酸(lysine)等胺基酸的標準品，藉此熟悉色層分析的原理、操作方式及實驗結果的判斷，也為實驗六作準備。在第六個實驗中每組同學將以薄層色層分析鑑定未知物中所含的胺基酸。

★ 表5-1　色層分析常用的溶劑

溶劑名（極性依序由上往下遞增）	化學結構
Alkane (petroleum ether, ligroin, hexane)	
Halogenated hydrocarbons (dichloromethane, chlorofrom)	CH_2Cl_2、$CHCl_3$
Diethyl ether	$(CH_3CH_2)_2O$
Ethyl acetate	$CH_3\overset{\displaystyle O}{\overset{\|}{C}}OCH_2CH_3$
Acetone	$CH_3\overset{\displaystyle O}{\overset{\|}{C}}CH_3$
Alcohol (methanol、ethanol)	CH_3OH、CH_3CH_2OH
Acetonitrile	CH_3CN
Acetic acid	$CH_3\overset{\displaystyle O}{\overset{\|}{C}}OH$

實驗前作業

畫出酪胺酸、纈胺酸、丙胺酸、甘胺酸、組胺酸、離胺酸的化學結構，並比較各個胺基酸的極性。

實驗器材

分液漏斗(100 mL) ···1 個

量筒(10 mL) ···1 個

毛細管 ···3 支

本生燈 ···1 座

展開槽 ···1 組

鑷子 ···1 支

紫外光燈 ···1 座

濾紙 ···1 張

TLC片 ···3 片

🧪 藥品

1-丁醇(1-butanol, $C_4H_{10}O$)······························10 mL

醋酸(acetic acid, $C_2H_4O_2$)························ 2 mL

酪胺酸(tyrosine, $C_9H_{11}NO_3$)標準溶液

纈胺酸(valine, $C_5H_{11}NO_2$)標準溶液

丙胺酸(alanine, $C_3H_7NO_2$)標準溶液

甘胺酸(glycine, $C_2H_5NO_2$)標準溶液

組胺酸(histidine, $C_6H_9N_3O_2$)標準溶液

離胺酸(lysine, $C_6H_{14}N_2O_2$)標準溶液

茚三酮(ninhydrin, $C_9H_6O_4$)溶液

🧪 實驗步驟

1. 展開液的製備。取10 mL 1-丁醇、2 mL醋酸及8 mL去離子水加入分液漏斗中，混合均勻後靜置，等待溶液分層。

2. 取出上層液體作為展開液，捨去下層溶液。

3. 在TLC展開槽中放一張剪裁成長方形的濾紙，倒入約8 mL溶液，小心地輕轉展開槽，將濾紙潤濕、備用。

4. 用鑷子取出一片裁好的TLC片，用鉛筆在距離底部約1公分處輕輕地畫線。

5. 以毛細管沾取3個胺基酸標準品點在TLC片的基線上（胺基酸標準品的種類由教師指定或自行決定）。

6. 將點了胺基酸的TLC片放入展開槽中展開。

7. 待展開液爬升至接近TLC片頂端，用鑷子取出TLC片，立刻用鉛筆畫出「solvent front」。將取出的TLC片置於抽氣櫃中晾乾。

8. 將TLC片置於紫外光燈下觀察，圈出所看到的化合物。

9. 將茚三酮顯色劑噴在TLC片上，置於抽氣櫃中風乾後放入烘箱中加熱。

10. 重複步驟4~9，分析另外3個胺基酸樣品。

11. 顯色後以鉛筆描繪出所看到的點、記錄點的顏色、並計算各胺基酸的R_f值。

注意事項

1. 取出TLC片後應以手指輕捏板片的兩端，避免在TLC板面上留下指紋。

2. 展開前基線上的樣品點應越小越好。

3. 展開液及含有機溶劑的水層應倒入非鹵素廢液回收桶。

4. 顯色時應在抽氣櫃中噴灑茚三酮，並避免將顯色劑噴在手上。

參│考│資│料

1. Fessenden, R. J.; Fessenden, J. S. Techniques and Experiments for Organic Chemistry; PWS Publishers: Boston, Massachusetts, 1983.

2. Harris, D. C. Quantitative Chemical Analysis, 7th Edition; W. H. Freeman and Company: New York, NY, 2007.

3. 生物化學實驗，長庚技術學院化數教研會，2005。

實驗日期：＿＿＿＿＿＿＿　　評分：＿＿＿＿＿＿＿

科系：＿＿＿＿＿＿＿　　年級：＿＿＿＿＿＿＿　　班級：＿＿＿＿＿＿＿

組別：＿＿＿＿＿＿＿　　姓名：＿＿＿＿＿＿＿　　學號：＿＿＿＿＿＿＿

實驗五 ▶ 胺基酸的薄層色層分析（預報）

一、目 的

二、實驗步驟（以文字、繪圖或流程圖的方式表示）

三、實驗前作業

1. 畫出酪胺酸、纈胺酸、丙胺酸、甘胺酸、組胺酸、離胺酸的化學結構，並比較各個胺基酸的極性。

四、其他注意事項

實驗日期：＿＿＿＿＿＿　　評分：＿＿＿＿＿＿＿

科系：＿＿＿＿＿＿　　年級：＿＿＿＿＿＿　　班級：＿＿＿＿＿＿

組別：＿＿＿＿＿＿　　姓名：＿＿＿＿＿＿　　學號：＿＿＿＿＿＿

實驗五 ▶ 胺基酸的薄層色層分析

一、實驗數據

	胺基酸標準品	在TLC片上移動的距離(cm)	展開液移動的距離(cm)	茚三酮顯色後點的顏色	R_f值
1					
2					
3					
4					
5					
6					

二、實驗結果（以繪圖或照片顯示TLC片的實際狀況，依實驗結果比較各胺基酸的極性）

三、討論（依照TLC片所顯示的結果評論薄層色層分析操作結果的好壞，並討論如何改進）

四、問題回答

1. 請指出以下色層分析結果的問題，要如何改進？

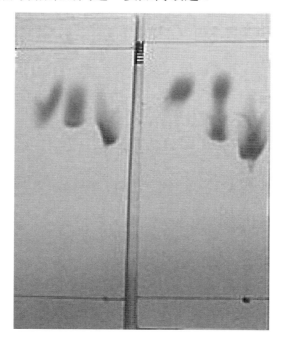

答：

2. 說明在展開槽中放置濾紙的目的及對實驗結果的影響。

答：

3. 如果不小心用手指觸摸TLC片表面，請問用印三酮顯色時是否有影響？

答：

4. 實驗後發現化合物的R_f值太小，分離效果不好，應如何改進？

答：

MEMO

Experimental Organic
Chemistry

目 的

利用薄層色層分析鑑定未知物中所含的胺基酸。

原 理

在這個實驗裡，每組同學將拿到一個含胺基酸的未知物樣品，每個樣品含2~4種胺基酸，利用實驗五所學的技術，依實驗結果鑑定樣品中所含的胺基酸。

實驗前作業

1. 複習實驗五薄層色層分析之操作及原理。

2. 擬定實驗時所需的藥品及分析步驟。

實驗器材

分液漏斗(100 mL)	1 個
量筒(10 mL)	1 個
毛細管	3 支
本生燈	1 座
展開槽	1 組
鑷子	1 支
紫外光燈	1 座
濾紙	1 張
TLC片	3 片

🧪▶ 藥品

1-丁醇 ·· 10 mL

醋酸 ·· 2 mL

未知物樣品（含至少二種實驗五中所提之胺基酸標準品）

酪胺酸(tyrosin, $C_9H_{11}NO_3$)標準溶液

纈胺酸(valine, $C_5H_{11}NO_2$)標準溶液

丙胺酸(alanie, $C_3H_7NO_2$)標準溶液

甘胺酸(glycine, $C_2H_5NO_2$)標準溶液

組胺酸(histidine, $C_6H_9N_2O_3$)標準溶液

離胺酸(lysin, $C_6H_{14}N_2O_2$)標準溶液

茚三酮(ninhydrin, $C_6H_9O_4$)溶液

🧪▶ 實驗步驟

1. 取得含胺基酸的未知物樣品，並記錄樣品的代號。

2. 自行決定應使用的藥品及實驗步驟。

3. 依實驗結果判斷樣品中所含胺基酸的種類。

實驗日期：_____ 評分：_____

科系：_____ 年級：_____ 班級：_____

組別：_____ 姓名：_____ 學號：_____

實驗六 ▶ 期中評量－未知樣品中胺基酸的鑑定
（預報）

一、目 的

二、實驗步驟（以文字、繪圖或流程圖的方式表示）

三、實驗前作業

1. 擬定實驗時所需的藥品及分析步驟。

四、其他注意事項

實驗日期：＿＿＿＿＿＿　評分：＿＿＿＿＿＿＿

科系：＿＿＿＿＿＿＿　年級：＿＿＿＿＿＿＿　班級：＿＿＿＿＿＿

組別：＿＿＿＿＿＿＿　姓名：＿＿＿＿＿＿＿　學號：＿＿＿＿＿＿

實驗六 ▶ 期中評量－未知樣品中胺基酸的鑑定

一、實驗數據

1. 未知物樣品標號：＿＿＿＿＿＿＿＿＿＿＿＿＿＿＿＿＿＿＿＿＿＿＿＿＿

2. 未知物樣品所含的胺基酸：＿＿＿＿＿＿＿＿＿＿＿＿＿＿＿＿＿＿＿＿＿

二、實驗結果（以繪圖或照片顯示TLC片的實際狀況）

三、討論（請依實驗結果解釋，為什麼未知物中含有上述的胺基酸）

四、問題回答

1. 以流程圖的方式簡要地描述實驗步驟（包括所用到的藥品）。

答：

實驗七　管柱色層分析

🧪▶ 目 的

利用管柱色層分析分離二種染料，並學習管柱色層分析的原理及操作。

🧪▶ 原 理

　　管柱色層分析(column chromatography)與薄層色層分析都屬於色層分析的技術，原理相同但操作方式不同，所能處理的樣品量不同，當然二者適用的狀況也不相同。薄層色層分析大部分的時候是用來處理極小量的樣品，適用於分析化合物的純度、追蹤反應的進行以及鑑定化合物，但如果要有效率地純化混合物，就需要使用到「管柱色層分析」這項技術。在薄層色層分析中，分離樣品的「固定相」只有薄薄的一層，當「固定相」的量增加時，才能分離較多的化合物。管柱色層分析所使用的管柱能填充的固定相較多，管柱的直徑及長度可根據樣品的量及複雜度而決定，樣品量多時所用管柱的直徑可以達1公尺以上。

一、管柱色層分析的實驗裝置及操作

　　如果把薄層色層分析的固定相全部刮下來，填充到管子裡，一樣利用移動相帶動化合物的移動，這樣就是管柱色層分析。管柱色層分析所需的基本器材包括填充固定相用的玻璃管柱及收集移動相所用的試管或小燒杯，另外如果要用到大量的移動相，可以在管柱的上方加裝分液漏斗，在分液漏斗內加入移動相，藉由控制分液漏斗的閥門，控制移動相的進量。圖7-1是管柱色層分析的裝置圖，將樣品加到固定相，注入移動相，最常用的移動相是有機溶劑，化合物就可以慢慢地在管柱中由上向下移動，因化合物與固定相的作用力不同，自然在管柱中移動的速率也不同，最後造成混合物分離的現象（圖7-1）。將移動相加到管柱，帶動化合物向下移動的操作稱為「沖堤(elution)」，沖堤所用的溶劑則稱為「沖堤液」。

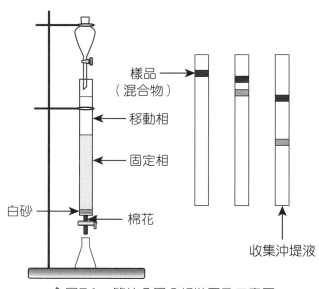

樣品
（混合物）

移動相

固定相

白砂

棉花

收集沖堤液

🔖 圖7-1　管柱色層分析裝置及示意圖

二、沖堤條件的選擇

　　有機化學實驗室常用的固定相是正相的矽膠(silica gel)，移動相是有機溶劑，通常依照樣品中化合物極性的大小及複雜度選擇合適的溶劑。正相矽膠表面有極性的基團，極性大的化合物與矽膠的作用力大，在管柱中移動的速率較慢，也較晚被沖堤出來，如果要讓化合物提早被帶出管柱，就要增加沖堤液的極性。因沖堤液會影響化合物在管柱中滯留的時間，溶劑的選擇便成為管柱色層分析成敗的重要因素，溶劑選擇若不恰當，則無法達到理想的分離效果。

　　最簡單的沖堤方式是「isocratic elution」，這也是最常用到的沖堤法。在「isocratic elution」中溶劑的組成及比例固定，例如在管柱層析的過程中都以80%正己烷及20%乙酸乙酯的混合溶劑作為沖堤液。如果樣品的組成複雜，或化合物間極性的差距太大，「isocratic elution」無法達到理想的分離效果，或浪費太多的溶劑時，就要考慮「梯度沖堤(gradient elution)」的方式。使用梯度沖堤時，會在沖堤的過程中逐漸改變溶劑的極性，以上述的沖堤液為例，等極性較低的化合物被沖出來後，便可加大沖堤液的極性，例如將乙酸乙酯的比例提高到50%，如此可能可以達到較好的分離效果，也可以讓極性大的化合物較早被沖出，節省溶劑的用量。

　　為了要達到良好的分離效果、避免浪費溶劑，操作管柱色層析前都會先用薄層色層分析尋找適合的分離條件，通常是固定所用的固定相，如用正相的矽膠，再改變溶劑的組合。合適的沖堤液由TLC片上化合物的R_f值及分離狀況來決定，將溶劑以一定比例混合當成展開液，以薄層色層分析法分析樣品，顯色後計算化合物的R_f值，並檢查化合物附近的雜質，化合物與雜質的距離越遠越好；通常化合物的R_f值在0.25~0.30左右才能達到理想的分離效果，R_f值太高或太低都不好。若R_f值太高，化合物與雜質無法完全分離；若R_f值太低，則浪費太多溶劑，花費的時間太長。例如80%正己烷及20%乙酸乙酯的組合使化合物在TLC片上移動的距離太高，R_f值太大，這時就要降低乙酸乙酯的比例，例如改以90%正己烷及10%乙酸乙酯重新展開，直到找到正確的比例為止。如果正己烷及乙酸乙酯以任何比例組合都無法達到理想的分離，就要考慮使用其他的溶劑。

三、填充管柱的方法

　　管柱填充的平整及緊實度是影響分離的另一項重要因素，如果管柱內填充的矽膠不夠緊密，單位長度內矽膠量太少，理論板數不足，即使溶劑選擇正確，也無法達到預期的效果；如果填完後矽膠的表面歪歪斜斜，極性相近的化合物不容易完全分開（圖7-2），也不易拿到純度高的化合物。填充管柱時常用方法是濕式填充法，以下為濕式充填的操作步驟：

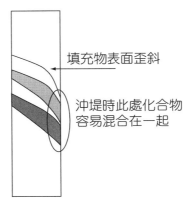

填充物表面歪斜

沖堤時此處化合物
容易混合在一起

📌 圖7-2　管柱中矽膠填充不平整對分離的影響

1. 選取大小適合的管柱，固定好。

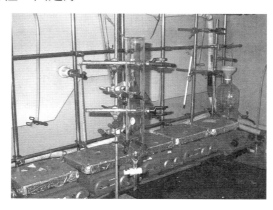

2. 在管柱底部放入一團棉花，用長玻棒或鐵棒塞緊。先加入少量的沖堤液，讓棉花完全濕潤，並沖出其中可能的氣泡。關閉活栓，在管柱中留少量的沖堤液備用。

   （註：可以在棉花上層倒入少量白砂，再加入沖堤液，以維持填充物的平整性。）

鐵棒

3. 準備矽膠泥。取適量的矽膠，倒入三角燒瓶中，加入足以蓋過矽膠的沖堤液，以玻棒充分攪拌，去除矽膠泥中的氣泡。

4. 攪拌矽膠泥，趁矽膠泥未沉積前快速地倒入管柱中，此時管柱中的矽膠泥開始沉積在底部。打開活栓，讓沖堤液由管柱下方開口流出。

（註：填充時矽膠泥需隨時浸泡在溶劑中，不可以讓沖堤液流乾，以避免在矽膠間產生氣泡，影響分離的效果。如果沖堤液即將流乾，請用吸管吸取沖堤液，由管柱上方開口補充，補充時請小心，不可以破壞表面的平整性。）

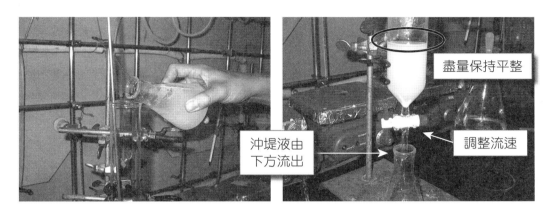

盡量保持平整

沖堤液由下方流出

調整流速

5. 此時三角燒瓶中還有許多矽膠泥，以少量的沖堤液沖洗三角燒瓶，將殘留的矽膠泥倒入管柱內。填充時，趁矽膠泥尚未完全沉降，輕敲管壁，使矽膠泥能緊實地填充在管柱內。

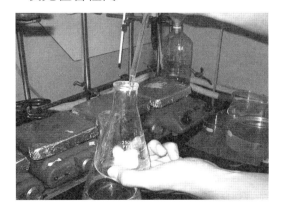

6. 以吸管吸取少量沖堤液，沿著管柱的邊緣將壁上的矽膠洗淨。重複敲擊及清洗的動作，直到管壁乾淨，管柱完全填充緊密為止。

7. 管柱填充緊密後，等沖堤液流至與矽膠面齊，關閉管柱下方活栓，暫停流速，準備將樣品滴到矽膠上。

沖堤液與矽膠面齊

8. 以玻璃吸管吸取樣品，小心地以繞圓圈的方式滴在矽膠上，盡量使樣品均勻地分布在矽膠面上。注入樣品時應隨時注意保持矽膠面的平整。

吸管懸空、滴入樣品

9. 以少量的沖堤液沖洗裝樣品的瓶子，等樣品完全流入矽膠泥中，再將清洗的溶液加入管柱內。

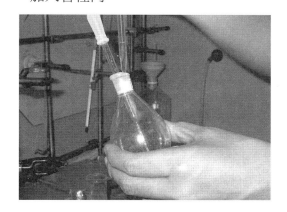

10. 以吸管吸取少量的沖堤液，小心地順著管壁加入管柱中，使矽膠面上方的沖堤液保持約2公分的高度，直到樣品已完全下降至矽膠泥中，此時才可加入較多的沖堤液，繼續沖堤。

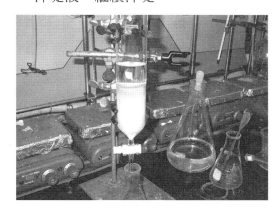

11. 以試管或小的三角燒瓶收集沖堤液（以定體積的方式收集，收集到一定量的沖堤液就換另一支新的試管，繼續收集）。

　　為了能清楚地觀察到化合物在管柱中移動的狀況，本實驗將分離含染料的混合物，以瞭解管柱色層分析的原理及操作。實驗時先自行填充含正相矽膠的玻璃管柱，以正己烷及乙酸乙酯的混合物沖堤，因染料的極性差異較大，所以用梯度沖堤的方式，節省有機溶劑的用量。所收集到含染料的提液可以用TLC鑑定，檢查收集到染料的純度，由此來判斷管柱色層分析的效率。

實驗前作業

　　查出蘇丹紅及萘黃的化學結構，依結構推測二化合物的極性大小，並預測進行管柱色層分析時哪一個化合物會先被沖堤出？

實驗器材

玻璃管（直徑約1.5公分；長約20公分）⋯⋯⋯⋯⋯⋯⋯⋯⋯⋯⋯⋯⋯⋯⋯ 1 支

量筒(100 mL) ⋯⋯⋯⋯⋯⋯⋯⋯⋯⋯⋯⋯⋯⋯⋯⋯⋯⋯⋯⋯⋯⋯⋯⋯⋯⋯⋯ 1 個

滴管⋯⋯⋯⋯⋯⋯⋯⋯⋯⋯⋯⋯⋯⋯⋯⋯⋯⋯⋯⋯⋯⋯⋯⋯⋯⋯⋯⋯⋯⋯⋯⋯ 2 支

三角燒瓶(125 mL)⋯⋯⋯⋯⋯⋯⋯⋯⋯⋯⋯⋯⋯⋯⋯⋯⋯⋯⋯⋯⋯⋯⋯⋯⋯ 2 個

展開槽⋯⋯⋯⋯⋯⋯⋯⋯⋯⋯⋯⋯⋯⋯⋯⋯⋯⋯⋯⋯⋯⋯⋯⋯⋯⋯⋯⋯⋯⋯⋯ 1 座

毛細管⋯⋯⋯⋯⋯⋯⋯⋯⋯⋯⋯⋯⋯⋯⋯⋯⋯⋯⋯⋯⋯⋯⋯⋯⋯⋯⋯⋯⋯⋯⋯ 3 支

鑷子⋯⋯⋯⋯⋯⋯⋯⋯⋯⋯⋯⋯⋯⋯⋯⋯⋯⋯⋯⋯⋯⋯⋯⋯⋯⋯⋯⋯⋯⋯⋯⋯ 1 支

紫外光燈⋯⋯⋯⋯⋯⋯⋯⋯⋯⋯⋯⋯⋯⋯⋯⋯⋯⋯⋯⋯⋯⋯⋯⋯⋯⋯⋯⋯⋯⋯ 1 組

濾紙⋯⋯⋯⋯⋯⋯⋯⋯⋯⋯⋯⋯⋯⋯⋯⋯⋯⋯⋯⋯⋯⋯⋯⋯⋯⋯⋯⋯⋯⋯⋯⋯ 1 張

TLC片⋯⋯⋯⋯⋯⋯⋯⋯⋯⋯⋯⋯⋯⋯⋯⋯⋯⋯⋯⋯⋯⋯⋯⋯⋯⋯⋯⋯⋯⋯⋯ 1 片

白砂⋯⋯⋯⋯⋯⋯⋯⋯⋯⋯⋯⋯⋯⋯⋯⋯⋯⋯⋯⋯⋯⋯⋯⋯⋯⋯⋯⋯⋯⋯⋯⋯ 少許

棉花⋯⋯⋯⋯⋯⋯⋯⋯⋯⋯⋯⋯⋯⋯⋯⋯⋯⋯⋯⋯⋯⋯⋯⋯⋯⋯⋯⋯⋯⋯⋯⋯ 少許

藥品

正相矽膠(normal-phased silica gel)⋯⋯⋯⋯⋯⋯⋯⋯⋯⋯⋯⋯⋯⋯⋯⋯⋯ 6 g

正己烷(n-hexane, C_6H_{14})⋯⋯⋯⋯⋯⋯⋯⋯⋯⋯⋯⋯⋯⋯⋯⋯⋯⋯⋯⋯⋯35 mL

乙酸乙酯(ethyl acetate, $C_4H_8O_2$)⋯⋯⋯⋯⋯⋯⋯⋯⋯⋯⋯⋯⋯⋯⋯⋯⋯65 mL

蘇丹紅／萘黃混合物(1% w/v) ⋯⋯⋯⋯⋯⋯⋯⋯⋯⋯⋯⋯⋯⋯⋯⋯⋯0.5 mL

實驗步驟

一、沖堤液及矽膠泥的製備

1. 配製50 mL沖堤液。分別取 35 mL正己烷及15 mL乙酸乙酯，倒入三角燒瓶中，混合均勻備用。先以錶玻璃蓋住瓶口，以免溶劑揮發，造成組成改變。

2. 配製矽膠泥。秤取6 g乾的矽膠粉末，倒入三角燒瓶中，加入20 mL步驟1所配製的正己烷／乙酸乙酯混合溶劑。充分攪拌後靜置10分鐘。先以錶玻璃蓋住瓶口，以免溶劑揮發導致矽膠泥變乾。

（註：秤取矽膠時請戴口罩，以免吸入矽膠。）

二、填充管柱及純化、分離

1. 確認玻璃管柱是乾的，依原理中的說明，先塞入少量的棉花，再鋪上薄薄的一層白砂，白砂的高度不可超過5 mm，輕敲管柱使白砂平整。

2. 在管柱中倒入15 mL的正己烷／乙酸乙酯混合溶劑，打開下方活栓，讓沖堤液流出，以乾淨的三角燒瓶盛接沖堤液，乾淨的沖堤液可以再利用。

3. 當管柱內剩下5 mL的沖堤液時，關閉活栓。

4. 攪拌步驟2的矽膠泥，快速地將矽膠泥倒入管柱中，打開活栓。

5. 依原理中的說明清洗及填充矽膠泥，直到管柱已填充完畢。

6. 取約0.5 mL的染料混合物，小心地滴入管柱中。

7. 以正己烷／乙酸乙酯混合溶劑沖堤，觀察並記錄管柱中的變化。

8. 第一個化合物流出時，用試管收集沖堤液，記錄含化合物沖堤液的體積。

9. 改用乙酸乙酯沖堤，觀察、並記錄管柱中的變化。

10. 第二個化合物流出時，用試管收集沖堤液，記錄含化合物沖堤液的體積。

三、TLC分析

1. 取一片TLC片，在離底部約1公分的地方畫線，並等距離的畫上三點。

2. 以毛細管沾取少量染料混合物，點在TLC片中間，二邊分別點上所收集到的含第一及第二個化合物的沖堤液。

3. 以正己烷／乙酸乙酯混合溶劑展開。

4. 展開後先以肉眼觀察並記錄結果。

5. 將TLC片置於紫外光燈下觀察，並記錄結果。

6. 依TLC片的結果評論這一次管柱色層分析的效果。

參│考│資│料

1. Fessenden, R. J.; Fessenden, J. S. Techniques and Experiments for Organic Chemistry; PWS Publishers: Boston, Massachusetts, 1983.

2. Eaton, D. C. Laboratory Investigations in Organic Chemistry; McGraw-Hill Inc.: New York, NY, 1993.

實驗日期：＿＿＿＿＿＿＿　　評分：＿＿＿＿＿＿＿＿＿

科系：＿＿＿＿＿＿＿＿　　年級：＿＿＿＿＿＿＿　　班級：＿＿＿＿＿＿＿＿

組別：＿＿＿＿＿＿＿　　姓名：＿＿＿＿＿＿＿　　學號：＿＿＿＿＿＿＿＿

實驗七 ▶ 管柱色層分析（預報）

一、目 的

二、實驗步驟（以文字、繪圖或流程圖的方式表示）

三、實驗前作業

1. 查出蘇丹紅及萘黃的化學結構，依結構推測二化合物的極性大小，並預測進行管柱色層分析時哪一個化合物會先被沖堤出？

四、其他注意事項

實驗日期：＿＿＿＿＿＿＿　　評分：＿＿＿＿＿＿＿

科系：＿＿＿＿＿＿＿　　年級：＿＿＿＿＿＿＿　　班級：＿＿＿＿＿＿＿

組別：＿＿＿＿＿＿＿　　姓名：＿＿＿＿＿＿＿　　學號：＿＿＿＿＿＿＿

實驗七 ▶ 管柱色層分析

一、實驗數據

1. 沖堤出第一個化合物所需的溶劑體積(mL)：＿＿＿＿＿＿＿＿＿＿

2. 沖堤出第二個化合物所需的溶劑體積(mL)：＿＿＿＿＿＿＿＿＿＿

3. TLC片上展開液移動的距離(cm)：＿＿＿＿＿＿＿＿＿＿

4. TLC片上第一個化合物移動的距離(cm)：＿＿＿＿＿＿＿＿＿＿

5. TLC片上第二個化合物移動的距離(cm)：＿＿＿＿＿＿＿＿＿＿

二、實驗結果（記錄TLC片上所顯示的結果，並分別計算化合物的 R_f 值）

三、討論（請依TLC片顯示的結果，評論此次管柱色層分析的效率，並討論實驗過程中可能影響分離效率的因素）

四、問題回答

1. 比較含第一及第二個化合物沖堤液體積的大小，何者的體積較大？為什麼？

   答：

2. 如果實驗時不小心，取錯沖堤液，先用乙酸乙酯沖堤，請問會造成什麼樣的影響？

   答：

3. 如果未等沖堤液流至與矽膠面齊，管柱中還留有約2公分高的溶劑，就注入樣品，請問會造成什麼影響？

   答：

4. 如果分離的化合物不是染料，沒有顏色，要如何才能得知化合物是否被沖堤出及分離狀況？

   答：

目 的

學習蒸餾原理並利用分級蒸餾法純化水及乙醇的混合物。

原 理

　　蒸餾(distillation)是用來移除溶劑及純化液態有機化合物的主要方法，不論在實驗室或工業界，蒸餾的應用十分廣泛。例如製酒業者由穀物發酵的產物中，蒸餾出如高梁酒等酒精成分較高的酒；原油經過「分級蒸餾」後才能分離成汽油、柴油、煤油等沸點不同的各項成分。其他的應用還包括利用蒸餾取得產物、除去化學反應所產生的副產物以及殘留的起始物等。

　　用蒸餾的方法分離混合物的原理大多相似，但依操作方式及分離目的不同，常用的蒸餾方法可區分為簡單蒸餾(simple distillation)、分級蒸餾(fractional distillation)、減壓蒸餾(vacuum distillation)及蒸氣蒸餾(steam distillation)等四種。以下將對這四種蒸餾法做簡單的介紹，並以簡單蒸餾為例介紹蒸餾的原理。

一、簡單蒸餾(Simple distillation)

　　圖8-1是操作簡單蒸餾時的裝置，就如其名稱所言，簡單蒸餾所用的實驗裝置是最簡單的，使用到最主要的玻璃器材包括單頸瓶及冷凝管。簡單蒸餾主要功能是移除溶劑，一般較少作為純化、分離之用，除非化合物的沸點差異極大。蒸餾開始後單頸瓶中的液體加熱沸騰，所產生的蒸氣向上進入冷凝管，冷凝後形成液體被收集。蒸餾出的液體稱為蒸餾液(distillate)，單頸瓶中殘留高沸點或非揮發性的物質可統稱為殘留物「residue」。

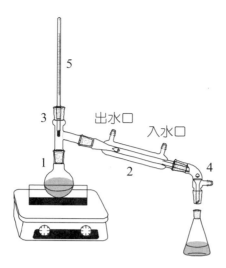

1. 單頸瓶
2. 冷凝管
3. 蒸餾用玻璃接頭
4. 轉接器
5. 溫度計

出水口 入水口

🔖 圖8-1 簡單蒸餾裝置圖

　　若在蒸餾純溶劑時觀察溫度的變化，會發現蒸餾初期當蒸氣到達溫度計下方時，溫度計的讀值快速上升而達到定值；當溶液持續沸騰時溫度則保持不變，該溫度即為溶劑的沸點。如果每次固定收集一定體積的蒸餾液（如10 mL），並記錄蒸餾液達到一定體積的溫度，以蒸餾液的體積對溫度作圖可得圖8-2的曲線，由圖8-2可明確地看出溫度快速上升、持平及下降的區域。最後因大部分的液體已被蒸出，蒸氣量不足而使溫度下降，此時代表蒸餾結束。加熱初期如仔細觀察實驗裝置應可看到蒸氣上升的軌跡。

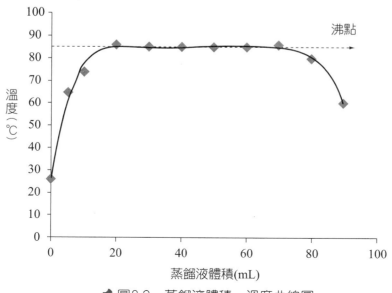

🔖 圖8-2 蒸餾液體積－溫度曲線圖

　　簡單蒸餾也可以用來分離沸點不同的液態化合物，但化合物的沸點需相差100℃以上才有較好的分離效果，此時就像蒸餾純溶劑一般，蒸餾時的溫度保持不變，低沸點的化合物被蒸出後高沸點的化合物才會被蒸出，否則所得蒸餾液是混合物而非純化物質。如以最簡單的系統，即只含兩種互溶有機溶劑的混合物來探討蒸餾時液體及蒸氣的組成便可瞭解箇中的原因。

　　假設要純化含甲苯及四氯化碳的混合物，混合溶液中兩者的比例為1：1。四氯化碳的沸點約為78℃，甲苯則為110℃，二者差異小於100℃，利用簡單蒸餾純化這樣的混合溶液時，所收集的蒸餾液會是混合物，因此在蒸餾的過程因蒸餾液的比例不固定，溫度會持續上升，低溫時所收集的蒸餾液含有較多的四氯化碳，高溫時所收集的蒸餾液中主要的成分則是甲苯。

　　蒸餾開始後，當液體的蒸氣壓與大氣壓相同時，液體開始沸騰，因甲苯與四氯化碳皆具揮發性，溶液的蒸氣應由這二種化合物所組成，所以依道耳吞分壓定律(Dalton's law of partial pressure)，溶液的蒸氣壓(P_{total})是二種溶劑個別蒸氣壓的總和。

$$P_{total} = P_t + P_c \quad\cdots\cdots\cdots\cdots\cdots\cdots\cdots\cdots\cdots\cdots\cdots\cdots\cdots\cdots\cdots\text{式8-1}$$

　　式8-1中的P_t及P_c分別代表甲苯及四氯化碳的蒸氣壓。再根據拉午耳定律(Raoult's law)，定溫、定壓下對理想溶液而言，揮發性物質的分壓等於該物質在溶液中的莫耳分率乘以純物質的蒸氣壓。因此式8-1可改寫成式8-4，其中X_t與X_c分別代表甲苯與四氯化碳的莫耳分率，以甲苯為例，甲苯在溶液中的莫耳數除以溶液中所有物質莫耳數的總和即為X_t。P_t°及P_c°則是定溫下純甲苯及四氯化碳的蒸氣壓。

$$X_t = \frac{甲苯的莫耳數}{甲苯的莫耳數+四氯化碳的莫耳數} \quad\cdots\cdots\cdots\cdots\cdots\cdots\text{式8-2}$$

$$X_c = \frac{甲氯化碳的莫耳數}{甲苯的莫耳數+四氯化碳的莫耳數} \quad\cdots\cdots\cdots\cdots\cdots\cdots\text{式8-3}$$

$$P_{total} = X_t P_t^{\circ} + X_c P_c^{\circ} \quad\cdots\cdots\cdots\cdots\cdots\cdots\cdots\cdots\cdots\cdots\cdots\cdots\text{式8-4}$$

因此由式8-4可知，溶液的蒸氣壓受組成的影響，利用此原理可推算出定溫下溶液及蒸氣的組成。

甲苯與四氯化碳比較，因四氯化碳的沸點較甲苯低，定溫下純四氧化碳的蒸氣壓應大於純甲苯($P^o_c > P^o_t$)，因混合溶液中甲苯與四氯化碳的比例為1：1、$P^o_c > P^o_t$，所以蒸餾初期低沸點物質產生較多的蒸氣，P_c大於P_t，蒸氣中有較多的四氯化碳。隨著蒸餾的進行，溶液中四氯化碳減少的速率較快，使其莫耳分率(X_c)變小，甲苯的莫耳分率(X_t)變大，二者的比例不再是1：1。當四氯化碳的莫耳分率變小時，為維持一定的總壓使溶液持續沸騰，就必須提高溶液的溫度以增加二種物質的蒸氣壓，此時因甲苯在溶液中的莫耳分率較大，蒸氣中甲苯的比例增加。

沸騰時蒸氣中甲苯及四氯碳的莫耳分率（以X_t'及X_c'表示）可以利用式8-5及式8-6，分別由各成分的蒸氣壓計算。

$$X'_t = \frac{P_t}{P_{total}} \quad\cdots\cdots\cdots\cdots\cdots\cdots\cdots\cdots\cdots\cdots\cdots\cdots\cdots\cdots\cdots\cdots\cdots\cdots\cdots\cdots \text{式8-5}$$

$$X'_c = \frac{P_c}{P_{total}} \quad\cdots\cdots\cdots\cdots\cdots\cdots\cdots\cdots\cdots\cdots\cdots\cdots\cdots\cdots\cdots\cdots\cdots\cdots\cdots\cdots \text{式8-6}$$

蒸餾初期$P_c > P_t$，蒸氣中四氯化碳的莫耳分率大，因此收集到的蒸餾液中含有較多的四氯化碳。隨著蒸餾的進行，P_c變小，P_t變大，蒸餾液中甲苯的量增加，但因二者的沸點差異不大，所得蒸餾液仍是混合物。

將甲苯與四氯化碳以任意比例混合，找出一大氣壓下的沸點，及沸騰時蒸氣中甲苯與四氯化碳的莫耳分率，再以沸點分別對溶液或蒸氣中甲苯與四氯化碳的莫耳分率作圖，可以到圖8-3的曲線，稱之為「沸點－組成圖(boiling point-composition diagram)」。雖然圖8-3並非甲苯與四氯化碳正確的沸點－組成圖，但仍然可以用此說明曲線之用途。對有二種溶劑的混合物而言，如果知道「沸點－組成圖」，就可以查出任意比例混合溶液的沸點，及該溫度下蒸氣的組成。例如當溶液中含有60%甲苯、40%四氯化碳時，溶液約在93℃時沸騰，此時蒸氣中甲苯與四氯化碳的組成分別是40及60%。

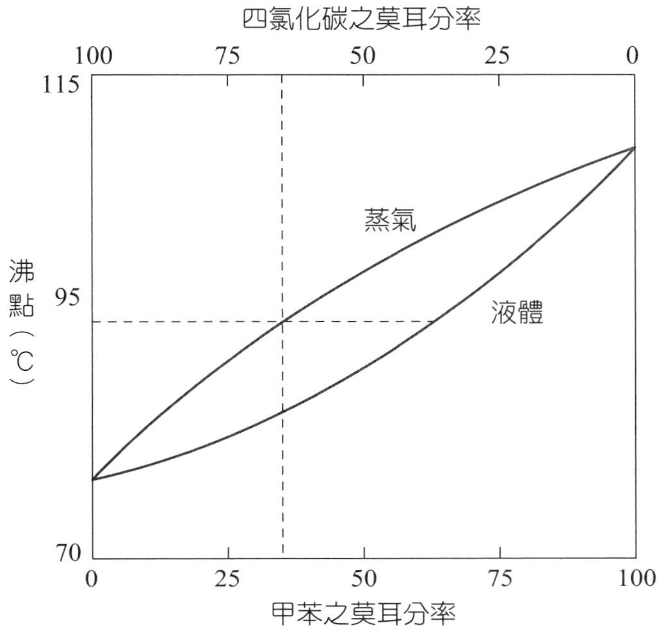

四氯化碳之莫耳分率

圖8-3　甲苯與四氯化碳的沸點－組成示意圖

　　因分子間作用力的關係，許多混合溶液不完全遵守拉午耳定律而無法得到如圖8-3的曲線，乙醇與水的混合物即是一個好的例子。圖8-4是乙醇與水混合溶液「沸點－組成圖」的示意圖，圖中的最低點為共沸點，這個組成的混合物稱為共沸物(azeotrope)。X軸所顯示的是共沸物中乙醇的組成。在一大氣壓下，純水及乙醇的沸點分別為100及78.4℃，但95.6%（重量百分比濃度）乙醇與4.4%水所組成的共沸物會在78.1℃沸騰，遠低於二者的沸點。共沸物是具有特定組成的混合物，與純物質相同有固定的沸點，因所產生的蒸氣與混合溶液有相同的組成，共沸物無法以簡單蒸餾純化。

　　共沸物的沸點也可以比組成純物質的沸點高。任何比例的乙醇與水形成的混合溶液中，共沸物的沸點最低，因此又可被稱為「最低沸騰混合物(minimum boiling mixture)」或「正共沸物(positive azeotrope)」。相反地，混合溶液中共沸物的沸點最高則稱為「最高沸騰混合物(maximum boiling mixture)」或「負共沸物(negative azeotrope)」。例如甲酸（沸點：100.8℃）與水的共沸物在107.2℃時沸騰，遠高於二者的沸點，此時共沸物含22.6%的甲酸及77.4%的水。

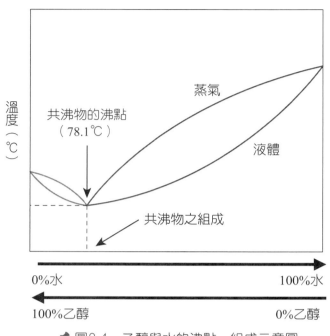

溫度（℃）

共沸物的沸點
（78.1℃）

蒸氣

液體

共沸物之組成

0%水　　　　　　　　　　　　　100%水

100%乙醇　　　　　　　　　　　0%乙醇

📌 圖8-4　乙醇與水的沸點－組成示意圖

二、分級蒸餾(Fractional distillation)

　　當化合物的沸點相近，簡單蒸餾無法得到理想的分離效果時便可利用分級蒸餾做純化。分級蒸餾的裝置與簡單蒸餾相似，但在蒸餾用玻璃接頭與單頸瓶間多加一支分餾管(fractional column)，增加純化的效率（圖8-5）。

　　分餾管的種類繁多，最簡單的分餾管為中空、有玻璃突起的管柱如「Vigreux column」。假設使用與簡單蒸餾相同的例子，混合溶液中含有等量的甲苯及四氯化碳，因四氯化碳的沸點低，蒸氣中四氯化碳含量高，當蒸氣上升遇到第一根玻璃突起後即冷凝，此時冷凝液的組成與混合溶液不同，冷凝液中含有較多的四氯化碳。因持續加熱，冷凝管中的冷凝液受熱氣化產生蒸氣，所產生蒸氣中四氯化碳的比例又比冷凝液高，如此反覆氣化、冷凝增加甲苯與四氯化碳在液、氣兩相中的平衡次數，蒸氣中四氯化碳的比例越來越高，最後便可收集到高純度的四氯化碳液體。

　　分餾管的長度及填充物會影響最後純化的結果。由上述的例子可知，分餾管中玻璃突起的數目是決定分餾效率的重要因素，如果分餾管的長度越長，玻璃突起的數目越多，分離的效果越好。除了玻璃突起外也可以在分離管柱中填充玻璃珠或其他金屬材質以增加冷凝的面積。

　　分餾管的分離效率可以具體地用「理論板(theoretical plate)」來表示，理論板的數目越多，分離效率越好。一個理論板相當於一次的簡單蒸餾，因此分級蒸餾又可以視為在同一次分離中做了許多次的簡單蒸餾。理論上有100個理論板的分餾管可純化沸點相差2℃的化合物，而一般實驗室所用分餾管的板數約在2~15左右。舉例來說，一根長25公分、填充玻璃珠的分餾管最多約有8個理論板，能分離沸點相差30~40℃的化合物。使用太長管柱或管中填充物太多時可能會有較多的液體殘留在管柱中，影響蒸餾液的量，因此應該依目的選擇合適的分餾管。

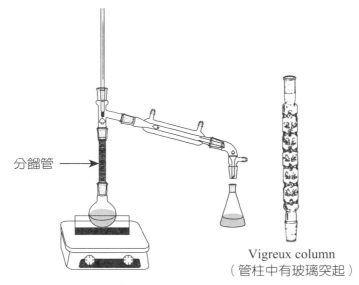

分餾管

Vigreux column
（管柱中有玻璃突起）

📌 圖8-5　分級蒸餾裝置

三、減壓蒸餾(Vacuum distillation)

　　當化合物的沸點高，或溫度過高易導致化合物分解時，可用減壓蒸餾做純化。操作時抽真空以降低蒸餾系統的壓力，使溶液可以在較低的溫度下沸騰。減壓蒸餾可與簡單或分級蒸餾並用。

四、蒸氣蒸餾(Steam distillation)

　　使用蒸氣蒸餾做分離時，混合物是水及與水不互溶的有機化合物，此時混合溶液呈現不互溶的兩相。與完全互溶的溶液不同，不互溶混合溶液的沸點較水及有機化合物低，因此溶液可以在較低的溫度下沸騰，有時可以取代減壓蒸餾，將高沸點的化合物蒸出，例如利用蒸氣蒸餾自花或香草植物中提煉精油及香氣分子。

五、折射率(Refractive index)

分析蒸餾液組成最簡單方便的方式是用折射計(refractometer)測量折射率，再由折射率推算組成。折射率的測量可以用來判斷蒸餾液的純度，實驗值越接近理論值時，代表蒸餾液的純度越高。

當光線通過不同的介質時會產生偏折，因此光由空氣進入蒸餾液時會產生折射，蒸餾液的組成不同，光偏折的角度也不相同。物質的折射率(n)定義為光在空氣中的速率除以光在物質中的速率。因折射率受溫度的影響，記錄時會註明溫度。如苯在20℃時的折射率是1.5011，記錄成n_D^{20} 1.5011，下標的D代表所使用的光源是「sodium D line」，波長為589.3 nm。

本次實驗將利用分級蒸餾純化乙醇與水的混合物。因二者的沸點差異不大而且會形成共沸物，所以得到的蒸餾液是混合物，但仍然可以利用此實驗熟悉蒸餾的原理及操作方式。實驗時收集固定體積的蒸餾液、記錄溫度、並測量各蒸餾液的折射率。如果以蒸餾液的體積分別對溫度及折射率作圖可以得到圖8-6，實驗所得曲線不一定與圖8-6完全相同，但可看出蒸餾液溫度及折射率的變化，簡單蒸餾分離相同的混合溶液也可以做出類似的圖形，因此便可比較出兩種蒸餾方式的不同。

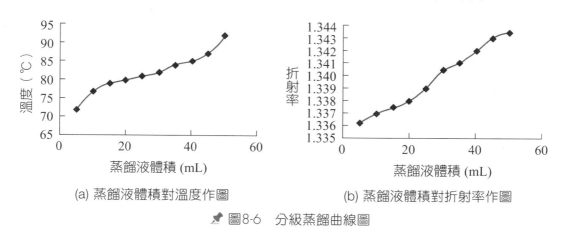

(a) 蒸餾液體積對溫度作圖　　　　　(b) 蒸餾液體積對折射率作圖

📌 圖8-6　分級蒸餾曲線圖

六、分餾實驗器材之架設

1. 將升降臺置於實驗桌面，三叉夾固定在抽氣櫃中的不鏽鋼架上。（另外可在不鏽鋼架上方處再固定一支三叉夾，此三叉夾可以用來固定分餾管。如無抽氣櫃及不鏽鋼架，可將器材以三叉夾固定在實驗室所提供的任何支撐物上。）

三叉夾

2. 將加熱包放在升降臺上，單頸圓底瓶瓶口以三叉夾固定在不鏽鋼架上。轉動升降臺的黑色旋鈕將加熱包升高，並檢查單頸圓底瓶的位置是否恰當，如太高或太低，重新調整三叉夾及單頸圓底瓶的位置。

黑色旋鈕

3. 倒入混合物，並加入數顆沸石。

4. 在單頸圓底瓶上方架上分餾管，在分餾管上方架上簡單蒸餾裝置。分餾管的上端磨砂口可以用三叉夾固定，以保持整個實驗裝置的平穩。

5. 在簡單分餾裝置上插入磨砂溫度計、接好黃色橡皮管，入水口橡皮管的另一端接到抽氣櫃的出水口。開啟抽氣櫃水龍頭旋鈕並調整水量的大小。（檢查出水口橡皮管之出水量，確定在蒸餾的過程中有水流出即可，水量不需太大。）

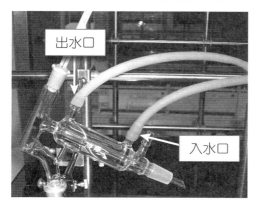 

6. 開啟加熱包上的開關並轉動黑色旋鈕調整加熱速率，開始蒸餾。

7. 實驗結束後，降下升降臺停止加熱。

▶ 實驗前作業

1. 依藥品及實驗步驟中水及乙醇的用量計算出混合溶液中二者的莫耳分率。

2. 查出純水及乙醇的折射率。

▶ 實驗器材

單頸圓底瓶(50 mL) ···································· 1 個

簡單蒸餾裝置 ··· 1 支

分餾管 ··· 1 支

量筒(10 mL) ··· 1 支

加熱包 ··· 1 個

磨砂溫度計 ··· 1 支

試管 ·· 10 支

折射計 ··· 1 臺

沸石 ··· 少許

▶ 藥品

去離子水 ·· 10 mL

乙醇(ethanol, C_2H_6O, 95%) ·························· 10 mL

實驗步驟

1. 取10 mL的去離子水、10 mL的乙醇及數顆沸石,加入50-mL的單頸圓底瓶中。

2. 將加熱包置於升降臺上,將分級蒸餾裝置架好。(實驗抽屜內的玻璃器材與圖示如果不同,請依指示架設。架設時應調整升降臺至適合的高度,實驗結束後才能快速地移除加熱包。)

3. 取10支乾淨的試管並標示清楚,在第一根試管中加入2 mL的去離子水當比對體積的標準。

4. 檢查裝置無誤後開始加熱。

5. 觀察剛開始加熱時蒸氣上升的狀況及溫度變化。

6. 調整加熱速率使蒸餾液滴下的速率維持在每2秒1滴左右。

7. 以試管收集蒸餾液,每2 mL收集一管,並記錄每管開始收集及結束收集時的溫度,直到蒸餾結束(如何判斷蒸餾結束?)。

8. 測量去離子水、乙醇及每一管蒸餾液的折射率。

9. 以蒸餾液的體積對每管的末溫作圖。

(註:可以在分餾管外圍包裹一層隔熱材料,如鋁箔紙,以減少分餾管與外界的熱交換,使蒸餾液較易被蒸出。)

參│考│資│料

1. Fessenden, R. J.; Fessenden, J. S. Techniques and Experiments for Organic Chemistry; PWS Publishers: Boston, Massachusetts, 1983.

2. Eaton, D. C. Laboratory Investigations in Organic Chemistry; McGraw-Hill Inc.: New York, NY, 1993.

實驗日期：＿＿＿＿＿＿＿＿　評分：＿＿＿＿＿＿＿＿

科系：＿＿＿＿＿＿＿＿　年級：＿＿＿＿＿＿＿＿　班級：＿＿＿＿＿＿＿＿

組別：＿＿＿＿＿＿＿＿　姓名：＿＿＿＿＿＿＿＿　學號：＿＿＿＿＿＿＿＿

實驗八 ▶ 分級蒸餾（預報）

一、目 的

二、實驗步驟（以文字、繪圖或流程圖的方式表示）

三、實驗前作業

1. 依藥品及實驗步驟中水及乙醇的用量計算出混合溶液中二者的莫耳分率。

2. 查出純水及乙醇的折射率。

四、其他注意事項

實驗日期：＿＿＿＿＿＿＿　評分：＿＿＿＿＿＿＿

科系：＿＿＿＿＿＿＿　年級：＿＿＿＿＿＿＿　班級：＿＿＿＿＿＿＿

組別：＿＿＿＿＿＿＿　姓名：＿＿＿＿＿＿＿　學號：＿＿＿＿＿＿＿

實驗八 ▶ 分級蒸餾

一、實驗數據

1. 蒸餾水在室溫下的折射率：＿＿＿＿＿＿＿＿＿＿＿＿＿＿＿＿

2. 95%乙醇在室溫下的折射率：＿＿＿＿＿＿＿＿＿＿＿＿＿＿

試管編號	1	2	3	4	5	6	7	8	9	10
累計體積(mL)										
初溫(℃)										
末溫(℃)										
折射率										

二、實驗結果（請用方格紙或Excel畫出體積對溫度的圖形）

三、討論（比較圖8-6與實驗結果所畫出曲線之異同，如果有差別，請提出合理的解釋）

四、問題回答

1. 請說明加入沸石的目的？如果不用沸石，是否有其他的方法可以達到相同的目的？

   答：

2. 學生進行分餾，純化沸點相差約30°C的二個化合物，實驗時選用了一支長15公分的分餾管，但所集的蒸餾液純度不佳，請問要如何才能收集到純度較高的蒸餾液，達到良好的分離效果？

   答：

3. 遵循實驗步驟分餾水及乙醇的混合物並記錄溫度時發現，當收集到第4或5管時，分餾裝置中溫度計的讀值下降，請提出合理的解釋及解決方式。

   答：

目 的

利用簡單蒸餾法從香草植物中萃取香氣成分，並利用所得的產物製作植物性化妝水。

原 理

近年來香草植物紅遍半邊天，園藝店、生態農場、觀光景點等到處都可以看到它的蹤跡，也許家中的陽臺上也有一兩盆如薰衣草或迷迭香等流行的香草植物。香草植物流行的原因，不外乎因為這一類植物特殊的氣味，使人有心曠神怡的感覺。香氣成分使植物有特別的味道，這些特殊的氣味多半來自於植物中所含的精油(essential oil)，人類使用植物的精油已有多年歷史，而且用途極廣。精油可以用在化妝品、食物、驅除蚊蟲等多方面，甚至有些精油被認為有醫療的效果。

香氣成分通常是具有揮發性的小分子，因此精油也具有揮發性。從植物中萃取的精油可能只含單一成分，例如柑橘油(orange oil)，其主要成分是檸烯(limonene)，大部分的精油則是混合物，含烯、醇、醛、酮、醚、酚、酯等多種有機化合物。根據另一種分類方式，精油的主要成分可以被歸類為萜烯(terpenes)或類萜(terpenoids)，其基本構成單元稱為異戊二烯(isoprene)（圖9-1），異戊二烯與異戊二烯接合後便形成萜烯或類萜。因為異戊二烯分子有5個碳，所以萜烯或類萜分子的碳數是5的倍數，異戊二烯結構中的雙鍵可以被移位或還原。表9-1列舉出數種常見精油中的萜烯或類萜，並圈出其中幾種的異戊二烯單元。

$$CH_2=\underset{\underset{CH}{|}}{\overset{\overset{CH_3}{|}}{C}}-CH=CH_2$$

📌 圖9-1　異戊二烯的化學結構

精油可以提煉自植物的根、莖、葉、花、果實等部位。最簡單的使用方法，是將香草植物的組織磨碎後直接使用，例如在剛沖泡好的紅茶中加入一、兩片撕碎的薄荷葉。如果精油要用在香水或化妝品中，則必須經過提煉的手續。由植物中提煉精油的方法包括(1)蒸氣蒸餾(steam distillation)；(2)溶劑萃取(solvent extraction)；(3)油脂蒸取法(enfleurage)；(4)擠壓法(expression)等，其中最常用的是蒸氣蒸餾。

一、蒸氣蒸餾萃取精油

蒸氣蒸餾萃取精油可以用如圖9-2的裝置，將磨碎的植物組織加入含水的單頸瓶圓底中，加液漏斗中的水在蒸餾的過程中持續地滴入單頸圓底瓶中，以維持瓶中溶液的體積。因蒸餾混合物的沸點較水及精油低，可以利用水蒸氣將沸點較高的精油帶出。蒸餾液中的精油再用沸點低的溶劑萃取出，去除溶劑後便可取得純精油。因蒸餾的混合物中含有水及與水不互溶的物質，達沸騰時溶液的蒸氣壓與大氣壓相等，是水及與水不互溶化合物蒸氣的總和。

$$P_{total} = P^o_{H_2O} + P^o_{與水不互溶化合物} \quad\cdots\cdots\cdots\cdots\cdots\cdots 式9\text{-}1$$

因精油為與水不互溶的化合物之一，所以式9-1中的第二項可以用精油的蒸氣壓代替。

$$P_{total} = P^o_{H_2O} + P^o_{oil} \quad\cdots\cdots\cdots\cdots\cdots\cdots\cdots\cdots\cdots\cdots 式9\text{-}2$$

其中 $P^o_{H_2O}$ 與 P^o_{oil} 分別代表純水及精油在沸點時的飽和蒸氣壓。

蒸氣壓的組成反應出蒸餾液中精油的比例。例如丁香油中的主成分是丁香酚(eugenol)，一大氣壓下的沸點為252℃。與水混合後蒸餾，混合物會在99.86℃沸騰，此時水的飽和蒸氣壓是756.2 mmHg，所以丁香酚的蒸氣壓是3.8 mmHg。因蒸氣中蒸氣壓的比值代表化合物莫耳數的比，可寫出以下的等式，計算蒸餾液中丁香酚的重量百分比。

$$\frac{eugol的莫耳數}{水的莫耳數} = \frac{P^o_{eugenol}}{P^o_{water}} \quad\cdots\cdots\cdots\cdots\cdots\cdots 式9\text{-}3$$

$$\frac{eugenol的質量／eugeno的分子量}{水的質量／水的分子量} = \frac{P^o_{eugenol}}{P^o_{water}} \quad\cdots\cdots\cdots 式9\text{-}4$$

重新排列式9-4，並將丁香酚及水的分子量代入公式中可得式9-5。

$$\frac{eugol的質量}{水的質量} = \frac{(P^o_{eugenol})(164)}{P^o_{water}(18)}$$ ⋯⋯⋯⋯⋯⋯⋯⋯⋯⋯⋯⋯⋯⋯ 式9-5

所以蒸餾液中丁香酚及水的質量比為0.046/1.0，換算後得知丁香酚占4.4%，水占95.6%。

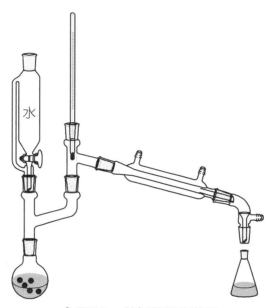

📌 圖9-2　蒸氣蒸餾的裝置

二、蒸餾實驗器材之架設

1. 將升降臺放置在實驗桌面上，三叉夾固定在抽氣櫃中的不鏽鋼架或其他可供支撐的鐵架上。

2. 將加熱包放在升降臺上、單頸圓底瓶固定在三叉夾上。轉動升降臺的黑色旋鈕，升高加熱包，並檢查圓底瓶的位置是否恰當，太高或太低就重新調整三叉夾及單頸圓底瓶的位置。

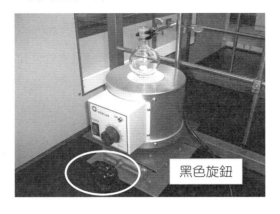 

3. 倒入混合物，並加入數顆沸石。

4. 在單頸圓底瓶上方架上簡單蒸餾裝置，插入磨砂溫度計。

5. 接好黃色橡皮管，入水口橡皮管的另一端接到抽氣櫃中出水口。開啟抽氣櫃水龍頭旋鈕並調整水量的大小。（檢查出水口橡皮管之出水量，確定在蒸餾的過程中有水流出即可，水量不需要太大。）

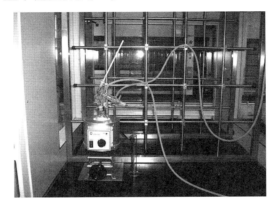

6. 開啟加熱包上的開關，並轉動黑色旋鈕調整加熱速率，開始蒸餾。

7. 實驗結束後，降下升降臺停止加熱。

　　瞭解蒸氣蒸餾的原理後，在這個實驗中我們將以器材架設較為簡單的蒸餾方法模擬蒸氣蒸餾，自香草植物中萃取香氣成分。實驗時依喜好選擇實驗材料，再依所選的植物，取葉、花瓣或皮等不同的組織加入水中蒸餾，雖然蒸餾液中的香氣成分十分有限，最後仍然可以將所得的蒸餾液做成化妝水，瞭解蒸餾及蒸氣蒸餾的原理，以及這二種技術與日常生活上的相關性。

★ 目 表9-1 　精油中常見的萜烯或類萜（括號中為化合物之來源）

Menthol、薄荷醇 (peppermint oil)	Menthone、薄荷酮 (peppermint oil)	Limonene、檸烯、檸檬油精 (oil of lemon)
Carvone、香芹酮 (oil of caraway)	Camphor、樟腦 (oil of sage、camphor tree)	α-Pinene、α-蒎烯 (turpentine)
β-Pinene、β-蒎烯 (turpentine)	Geraniol、香葉草醇 (roses and flowers)	Myrcene、月桂油烯 (bay oil)
Citral、檸檬醛 (lemon grass)	Zingiberene、薑烯 (oil of ginger)	α-Cadinene、杜松烯 (oil of citronella)
β-Selinene、β-芹子烯 (oil of celery)	Farnesol、金合歡醇 (scent of lily of the valley)	

🧪▶ 實驗前作業

1. 選擇並準備實驗用的植物。（可用的實驗材料包括但不限於以下幾種植物：薰衣草、迷迭香、薄荷、玫瑰花、九層塔、柑橘皮、葡萄柚皮、薑等）。

2. 查出由所選擇植物所製成之精油中的主要成分及其化學結構。

3. 準備乾淨、可裝約25 mL化妝水的容器。

🧪▶ 實驗器材

單頸圓底瓶(100 mL) ··· 1 個

簡單蒸餾裝置 ··· 1 支

磨砂溫度計 ··· 1 支

量筒（10及100 mL） ··· 1 支

加熱包 ··· 1 臺

沸石 ··· 少許

加熱攪拌器 ··· 1 臺

磁石 ··· 1 個

🧪▶ 藥品

香草植物 ··· 適量

界面活性劑(Tween80) ·· 0.5 g

乙醇(ethanol, C_2H_6O) ·· 2.5 mL

對-羥基苯甲酸甲酯(Methyl Paraben, $C_8H_8O_3$) ············· 0.1 g

丙二醇(Propylene glycol, $C_3H_8O_2$) ·························· 1.0 mL

甘油(Glycerin) ·· 1.0 mL

小黃瓜萃取液 ·· 1.5 mL

金縷梅或其他植物萃取液 ··· 1.5 mL

精油 ··· 適量

📑▶ 實驗步驟

一、簡單蒸餾

1. 仔細地清洗單頸圓底瓶、簡單蒸餾裝置及一個三角燒瓶，洗淨的玻璃器材以去離子水潤洗後可以直接使用。

2. 架設簡單蒸餾裝置。

3. 取適量的植物組織、切碎（或以研缽及杵磨碎）後放入100 mL的單頸圓底瓶中。

4. 加入60 mL的去離子水，加熱至沸騰，記錄沸騰時的溫度。

   （蒸餾時請小心，避免發生突沸。）

5. 以乾淨的三角燒瓶收集足夠的蒸餾液。

二、化妝水的製備

1. 秤取0.1 g的對–羥基苯甲酸甲酯，溶於2.5 mL的乙醇中，混合均勻。

2. 另取金縷梅萃取液1.5 毫升、小黃瓜萃取液1.5 mL、丙二醇1.0 mL及甘油1.0 mL，混合均勻。

3. 將步驟2-1及2-2的溶液加入42 mL含蒸餾液的去離子水，混合均勻。

   （註：如果蒸餾所得的蒸餾液為10 mL，需另外加入32 mL的去離子水製備成42 mL含蒸餾液的去離子水；同樣地，如果取蒸餾液30 mL，則只需要再加12 mL的去離子水，補足所需的體積。）

4. 秤取0.5克的Tween 80，滴入1~2滴的精油（如用檸檬草精油，只需要加1滴），混合均勻。

5. 在步驟2-3的水溶液中加入磁石，開高速攪拌，逐滴加入步驟2-4的溶液，持續攪拌，使Tween 80與水混合均勻。混合均勻後即為化妝水，製成的化妝水依所加入的精油而呈現不同的顏色及透明度，透明度不足者，可再加入少量Tween 80，以提高化妝水的透明度。

📖 參│考│資│料

1. Eaton, D. C. Laboratory Investigations in Organic Chemistry; McGraw-Hill Inc.: New York, NY, 1993.

實驗日期：＿＿＿＿＿＿　評分：＿＿＿＿＿＿＿

科系：＿＿＿＿＿＿　年級：＿＿＿＿＿＿　班級：＿＿＿＿＿＿

組別：＿＿＿＿＿＿　姓名：＿＿＿＿＿＿　學號：＿＿＿＿＿＿

實驗九 ▶ 簡單蒸餾（預報）

一、目 的

二、實驗步驟（以文字、繪圖或流程圖的方式表示）

三、實驗前作業

1. 查出由所選擇植物所製成之精油中的主要成分及其化學結構。

2. 查出Tween 80、對−羥基苯甲酸甲酯、丙二醇及甘油的化學結構。

四、其他注意事項

實驗日期：＿＿＿＿＿＿＿　　評分：＿＿＿＿＿＿＿

科系：＿＿＿＿＿＿＿　　年級：＿＿＿＿＿＿＿　　班級：＿＿＿＿＿＿＿

組別：＿＿＿＿＿＿＿　　姓名：＿＿＿＿＿＿＿　　學號：＿＿＿＿＿＿＿

實驗九 ▶ 簡單蒸餾

一、實驗數據

1. 所用的香草植物：＿＿＿＿＿＿＿＿＿＿＿＿＿＿＿＿＿＿＿＿＿＿＿

2. 所用的香草植物的組織：＿＿＿＿＿＿＿＿＿＿＿＿＿＿＿＿＿＿＿

3. 蒸餾所得蒸餾液的體積(mL)：＿＿＿＿＿＿＿＿＿＿＿＿＿＿＿＿

二、實驗結果（描述所得蒸餾液及化妝水的顏色、外觀及味道）

三、討論（自由發揮）

四、問題回答

1. 請比較簡單蒸餾萃取精油及蒸氣蒸餾萃取精油的異同之處。

　答：

2. 利用蒸餾液製備化妝水，請問所得的化妝水是真溶液還是膠體溶液？如何分辨？

答：

3. 為什麼甘油是具保濕功效的化妝品成分？

答：

4. 為什麼甘油的黏滯性比丙二醇高？

答：

MEMO

Experimental Organic Chemistry

目 的

　　利用實驗三、實驗五及實驗九所學的技術，從茶葉中萃取咖啡因，並鑑定所萃取咖啡因的純度。

原 理

　　冷風颼颼的清晨，來一杯熱騰騰的咖啡，頓時驅走了寒意也讓人覺得振奮。相信這是很多人都有過的美好經驗。咖啡的香氣令人感到舒服，其中的成分「咖啡因」正是提振精神的有效成分。咖啡因存在於許多植物的葉及果實中，最為人所知的包括咖啡樹、茶樹、瓜拿納、巴拉圭冬青等，也普遍存在於各類飲料中，如355 mL易開罐的可口可樂中就含有約34 mg的咖啡因，當然依品種及浸煮方式之不同，每150 mL的茶或咖啡中約含有20~200 mg的咖啡因。

　　咖啡因對人類的影響可追溯到遠古時代，據說西元前3000年中國皇帝神農氏意外地看到樹葉飄進沸水中，而發現了具有提神功能的飲料「茶」。咖啡提神作用的發現則與阿拉伯的傳教士有關，據說當時山羊吃了咖啡灌木上的漿果後，變得異常活躍，因此傳教士開始食用咖啡豆，以免在冗長的典禮中睡著。雖然人類很早就發現咖啡及茶的提神作用，但直到西元1819年德國的化學家Friedrich Ferdinand Runge才從咖啡豆中提煉出純度較高的咖啡因。至19世紀末期，另一位德國化學家Hermann Emil Fischer則定出咖啡因的結構，並完成咖啡因的合成。

　　咖啡因是一種黃嘌呤類的生物鹼(xanthine alkaloid)，圖10-1顯示黃嘌呤、咖啡因及其他二個結構類似的化合物，茶鹼(theophylline)及可可鹼(theobromine)，這些化合物都是生物鹼。所謂的生物鹼是具有生理活性的含氮化合物，通常具「胺」類的官能基，可與酸反應形成鹽。外觀上純的咖啡因為白色的固體，熔點為238℃，但在178℃時會直接昇華為氣體，室溫時100 mL的水約可溶2.17 g的咖啡因，隨著溫度的升高，咖啡因在水中的溶解度大幅提高，100℃時同樣的水量可溶解約67 g的咖啡因，因此可以利用熱水浸、煮的方式萃取茶及咖啡中的咖啡因。

咖啡因的藥理作用主要是興奮（包括刺激呼吸）、利尿、刺激心肌、鬆弛平滑肌（特別是支氣管肌）等，有時會和阿斯匹靈合用，加在治療疼痛的藥物中。咖啡因對中樞神經有興奮的作用，使人感覺到精神較為提振、疲勞的程度減輕，同時注意力變化較集中、思緒較為清楚，對某些人而言，早晨起床後的一杯咖啡也因此而特別重要。研究顯示，咖啡因會降低反應的時間，因而改善計算、運動及心智的表現。

本次實驗將用熱水從茶葉中萃取咖啡因。除了咖啡因外，茶葉中的其他成分也會伴隨著進入熱水被萃取出來，這些其他物質有時會干擾咖啡因的萃取，可能會造成乳化現象，因此萃取時加入碳酸鈉，降低其他化合物在水中的溶解度，以免過多的雜質被萃取出來。熱水萃取完成後，溶在水中的咖啡因再利用有機劑萃取出。由水中萃取咖啡因最適合的溶劑是二氯甲烷，與其他溶在水中的雜質相比，咖啡因在二氯甲烷中的溶解度得很高，容易利用溶劑萃取純化，另外二氯甲烷的沸點低，容易用加熱的方式去除。雖然二氯甲烷在咖啡因的萃取上有這麼多的優點，但二氯甲烷含鹵素是毒性較高的溶劑，在操作過程需特別注意。在這個實驗中考量這個因素，將用乙酸乙酯取代二氯甲烷，一樣可以由水中取得咖啡因，但得到的萃取物除咖啡因外雜質較多。在第二部分的實驗中將利用薄層色層分析確認、並決定咖啡因的純度。

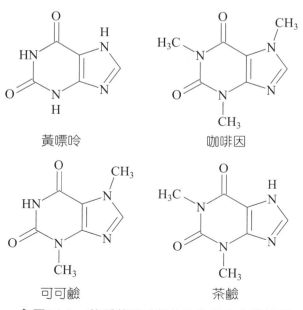

黃嘌呤　　　　　　　咖啡因

可可鹼　　　　　　　茶鹼

📌 圖10-1　數種黃嘌呤類的生物鹼的化學結構

🧪 實驗前作業

1. 複習分液漏斗、薄層色層分析及簡單蒸餾的操作。

2. 請查出正己烷、乙酸乙酯及冰醋酸的物質安全資料。

🧪 實驗器材

燒杯(100 mL) ··· 2 個

單頸圓底燒瓶(50 mL) ··· 1 個

簡單蒸餾裝置 ··· 1 支

量筒(10 mL) ··· 1 支

分液漏斗(100 mL) ·· 1 支

玻棒 ··· 1 支

展開槽 ·· 1 組

TLC片 ··· 2 片

鑷子 ··· 1 支

毛細管 ·· 3 支

加熱攪拌器（加熱用） ·· 1 臺

加熱包 ·· 1 臺

紫外光燈 ··· 1 組

濾紙 ··· 1 張

沸石 ··· 少許

碘瓶 ··· 1 個

🧪 藥品

茶包 ··· 2 包

紗布 ··· 2 層

正己烷(n-hexane, C_6H_{14}) ·· 4 mL

乙酸乙酯(ethyl acetate, $C_4H_8O_2$) ······························ 36 mL

甲醇(methanol, CH_3OH) ··· 0.5 mL

10%氫氧化鈉(sodium hydroxide, NaOH)溶液 ··················· 15 mL

冰醋酸(glacial acetic acid, $C_4H_8O_2$) ·· 2~3 滴

無水碳酸鈉(anhydrous sodium carbonate, $NaCO_3$) ····················· 3.5 g

無水硫酸鎂(anhydrous magnesium sulfate, $MgSO_4$) ····················· 適量

實驗步驟

一、咖啡因的萃取

1. 取二包市售茶包，秤重。秤重後去除棉線及標籤後以兩層長、寬各約10 cm的紗布包好，並綁好。

2. 取3.5 g的無水碳酸鈉，加入一個100 mL的燒杯中。加入30 mL去離子水使其完全溶解。

3. 將步驟1的茶包放入步驟2的碳酸鈉水溶液中（溶液要能完全蓋住茶包），以加熱攪拌器加熱至沸騰，浸煮20分鐘。

   （註：浸煮時請注意加熱攪拌器的加熱速率，不要調太高，以免水分蒸發太多，最後所剩萃取液太少。浸煮時可以用玻棒將茶包壓入液下。）

4. 浸煮完畢等茶液冷卻到室溫（可以用冷水浴幫助降溫），用藥勺或玻棒擠壓茶包，把液體完全壓出，將溶液倒入100 mL的分液漏斗中。

5. 取10 mL的去離子水潤洗茶包及步驟4的空燒杯。用藥勺或玻棒擠壓茶包，把液體完全壓出，將溶液倒入步驟4的分液漏斗中。

6. 取10 mL乙酸乙酯，加入分液漏斗中萃取溶液中的咖啡因。萃取後，將乙酸乙酯倒入另一個乾淨的三角燒瓶中。

7. 重複步驟6二次，每次以10 mL的乙酸乙酯萃取溶液中的咖啡因。將乙酸乙酯加入步驟6的三角燒瓶中。丟棄萃取後所剩下之水溶液。

8. 分液漏斗洗淨後用10% $NaOH_{(aq)}$潤洗。

9. 將步驟6三角燒瓶中的乙酸乙酯倒入步驟8的分液漏斗中。取10 mL 10% $NaOH_{(aq)}$清洗乙酸乙酯溶液。

10. 將乙酸乙酯溶液倒入一個乾淨的三角燒瓶中，加入少量無水硫酸鎂。

11. 靜置5分鐘後過濾，收集濾液。

12. 架設簡單蒸餾裝置。將步驟11的濾液倒入50 mL的單頸圓底瓶，加入數顆沸石，以蒸餾的方式去除乙酸乙酯。

13. 記錄所得萃取物的質量，並計算萃取效率。

二、咖啡因的鑑定及純度分析

1. 製備咖啡因的標準溶液。取少量（約0.05 g）的咖啡因標準品，溶於0.5 mL的甲醇中。

2. 取少量步驟1-12的萃取物，溶於0.5 mL的乙酸乙酯中。

3. 取一小片TLC片，在距離下緣約1公分處畫上三個小點，用乾淨的毛細管分別沾取步驟2-1及2-2所製備的咖啡因標準品及萃取液，將樣品輕輕地點在TLC片上。咖啡因標準品及萃取液分別點在最左及最右的二個點上，中間的點則同時點上標準品及萃取液。

4. 配製展開液。混合6 mL的乙酸乙酯、4 mL的正己烷及2~3滴的冰醋酸，倒入展開槽中。

5. 小心地將點有樣品的TLC片放入展開槽。

6. 取出展開好的TLC片，置於抽氣櫃中讓溶劑揮發。溶劑揮發後放在紫外光燈下以短波長觀察。以鉛筆記錄、圈出TLC片上出現的點，與標準品比較。

7. 將TLC片放入裝有碘的玻璃瓶中，靜置數分鐘，觀察是否有新的點出現。

8. 計算咖啡因標準品及TLC片上主要化合物的R_f值。

參│考│資│料

1. Fessenden, R. J.; Fessenden, J. S. Techniques and Experiments for Organic Chemistry; PWS Publishers: Boston, Massachusetts, 1983.

2. Hampp, A. J. Chem. Educ. 2005, 73, 1172.

實驗日期：＿＿＿＿＿＿　　評分：＿＿＿＿＿＿＿

科系：＿＿＿＿＿＿　　年級：＿＿＿＿＿＿　　班級：＿＿＿＿＿＿＿

組別：＿＿＿＿＿＿　　姓名：＿＿＿＿＿＿　　學號：＿＿＿＿＿＿＿

實驗十 ▶ 咖啡因的萃取純化（預報）

一、目 的

二、實驗步驟（以文字、繪圖或流程圖的方式表示）

三、實驗前作業

1. 請查出正己烷、乙酸乙酯及冰醋酸的物質安全資料。

四、其他注意事項

實驗日期：＿＿＿＿＿＿＿　　評分：＿＿＿＿＿＿＿

科系：＿＿＿＿＿＿＿　　年級：＿＿＿＿＿＿＿　　班級：＿＿＿＿＿＿＿

組別：＿＿＿＿＿＿＿　　姓名：＿＿＿＿＿＿＿　　學號：＿＿＿＿＿＿＿

實驗十 ▶ 咖啡因的萃取純化

一、實驗數據

1. 茶葉的質量(g)：＿＿＿＿＿＿＿＿＿＿＿＿＿＿＿＿＿＿＿＿

2. 含咖啡因萃取物的質量(g)：＿＿＿＿＿＿＿＿＿＿＿＿＿＿＿

3. TLC結果：展開液移動的距離(cm)：＿＿＿＿＿＿＿＿＿＿＿

　　　　　咖啡因標準品移動的距離(cm)：＿＿＿＿＿＿＿＿＿

　　　　　化合物1移動的距離(cm)：＿＿＿＿＿＿＿＿＿＿＿

　　　　　化合物2移動的距離(cm)：＿＿＿＿＿＿＿＿＿＿＿

　　　　　化合物3移動的距離(cm)：＿＿＿＿＿＿＿＿＿＿＿

　　　　　化合物4移動的距離(cm)：＿＿＿＿＿＿＿＿＿＿＿

二、實驗結果（描述萃取物的外觀；解釋TLC的結果）

三、討論（請討論實驗過程中可能會影響萃取效率及咖啡因純度的因素）

四、問題回答

1. 萃取的過程中是否發生了乳化的現象？要如何解決？

   答：

2. 說明步驟1-9以10%氫氧化鈉水溶液清洗的目的。

   答：

3. 說明步驟1-10加入無水硫酸鎂的目的。

   答：

實驗 十一

阿斯匹靈的合成與鑑定

目 的

合成阿斯匹靈，並利用薄層色層分析判斷純度。

原 理

人類使用阿斯匹靈(aspirin)已有百年以上的歷史，是用途廣泛的非處方藥物之一。阿斯匹靈具有鎮痛、解熱的基本功能，據美國醫師公會估計，美國人一年服用約數億顆阿斯匹靈，治療各式疼痛。雖然阿斯匹靈是古老的藥物，但越來越多的研究顯示除了鎮痛、解熱外，阿斯匹靈還有其他的功效，如抗凝血，因此阿斯匹靈也已成為心血管疾病用藥。心肌梗塞或中風的病人，服用阿斯匹靈可以有效地預防再次發作，甚至也有醫師建議健康的人長期服用阿斯匹靈，預防心血管疾病的發生。

Salicylic acid（水楊酸）　　Acetylsalicylic acid（乙醯水楊酸）

Acetaminophen　　　　　Ibuprofen

📌 圖11-1　水楊酸及衍生物的化學結構

　　阿斯匹靈的化學結構（圖11-1）與水楊酸類似，是水楊酸的衍生物，其化學名稱是乙醯水楊酸。雖然水楊酸也是有效的鎮痛解熱藥劑，但其「酸」的性質會強烈的刺激食道、胃等器官，引起不適，因此阿斯匹靈是以水楊酸為基礎，略為修改結構所合成出的藥物。新的藥物仍然具有原來的療效，但無水楊酸的缺點。另外化學家也合成出一系列結構類似的鎮痛解熱藥劑，如Ibuprofen、Acetaminophen等，也都是常用的藥物。

　　阿斯匹靈的合成可追溯到西元1853年，法國的化學家Charles Frederic Gerhardt將水楊酸的鈉鹽與乙醯氯(acetyl chloride)混合，第一次合成出乙醯水楊酸，但當時並未發現乙醯水楊酸的藥效。直到西元1893年德國藥廠「Friedrich Bayer & Co.」的一位化學家Felix Hofmann，重複以前的實驗並加以改良，拿水楊酸和醋酸酐反應合成出乙醯水楊酸，據說Hofmann是為了患有關節炎的父親。因乙醯水楊酸可以緩解關節炎的症狀，但無水楊酸令人不舒服的副作用，自此開啟了乙醯水楊酸特殊的醫療用途。西元1899年Friedrich Bayer & Co.推出了以乙醯水楊酸為有效成分的止痛藥，稱之為阿斯匹靈(aspirin)。

　　剛開始時阿斯匹靈的前趨物水楊酸，是萃取自柳樹(willow trees)的樹皮，現在市售的阿斯匹靈都是由簡單的分子例如苯經數個步驟合成出來的。整個製造的過程中，先合成出水楊酸，再進行酯化反應，使水楊酸苯環上的-OH基團與醋酸酐反應，產生乙醯水楊酸。水楊酸與醋酸酐反應的化學方程式如下：

| 水楊酸 | 醋酸酐 | 乙醯水楊酸 | 冰醋酸 |
| (Salicylic acid) | (Acetic anhydride) | (Acetylsalicylic acid) | (Acetic acid) |

　　與醋酸比較，醋酸酐的反應性較好容易與醇反應。因產物醋酸是較差的親核基，不會與生成的酯反應，所以上述的反應是不可逆的。合成乙醯水楊酸時主要是水楊酸的-OH官能基進行反應，如果反應溶劑中有大量的醇，水楊酸苯環上的另一個羧酸官能基，也可能與醇反應產生副產物。除此之外，另一個可能的副產物是水楊酸聚合所產生。

　　本實驗將取固體的水楊酸與液態的醋酸酐混合，以濃硫酸催化反應。因水楊酸不溶於醋酸酐，但形成的產物在高溫時可溶於醋酸及醋酸酐的混合物，所以水楊酸固體的消失可以用來監測反應的進行。加入催化劑後加熱，固體完全消失即代表反應完全。這個反應的速率很快，可以在數分鐘內完成。當反應混合物降至室溫時，產物在醋酸與醋酸酐混合物中的溶解度下降，因此可觀察到固體析出。

　　反應結束後在混合物中加入去離子水，水與過量的醋酸酐反應產生醋酸。因醋酸溶於水，而乙醯水楊酸在水中的溶解度差，所以可藉由溶解度的差異分離醋酸及乙醯水楊酸，此時反應混合物呈固、液兩相。約有10%的乙醯水楊酸會溶於含醋酸的水溶液，過濾回收產物前應先冰浴，才能得到較多的乙醯水楊酸。最後以結晶的方式純化產物，再以熔點測定及薄層色層分析法決定產物的純度。結晶時以熱水做為溶劑，因乙醯水楊酸在熱水中的溶解度佳，但冷水中幾乎不溶。

實驗前作業

1. 依實驗步驟中所用的藥品量，計算反應時水楊酸與醋酸酐的莫耳數比，並估算理論產量。

2. 查出乙醯水楊酸的熔點及對水的溶解度。

實驗器材

三角燒瓶(125 mL)······························2 個

溫度計····································1 支

量筒(100 mL) ·······························1 支

滴管·····································1 支

水浴鍋····································1 個

抽氣過濾裝置······························1 組

樣品瓶(20 mL)·······························1 個

加熱攪拌器································1 臺

熔點測定儀································1 臺

TLC片····································2 片

毛細管（點TLC片用）·······················1 根

毛細管（熔點測定用）·······················2 根

展開槽 ·· 1 個

濾紙 ·· 1 張

🧪▶ 藥品

醋酸酐(acetic anhydride, $C_4H_6O_3$) ······································· 2.5 mL

水楊酸(salicyclic acid, $C_7H_6O_3$) ··· 1.4 g

濃硫酸(conc. sulfuric acid, H_2SO_4) ·································· 1~2 滴

正己烷(n-hexane, C_6H_{14}) ·· 6 mL

乙酸乙酯(ethyl acetate, $C_4H_8O_2$) ······································ 4 mL

冰醋酸(acetic acid, $C_2H_4O_2$) ··· 2~3 滴

🧪▶ 實驗步驟

1. 取1.4g水楊酸置於大小合適、乾的三角燒瓶中，加入2.5 mL的醋酸酐及1~2滴的濃硫酸。

   （註：濃醯酸為強酸、具腐蝕性，使用時請小心。）

2. 以玻棒攪拌均勻後放入溫水浴（水溫約45~50℃），溫水浴約5~7分鐘。注意觀察混合物，間歇性的攪拌，直到固體完全消失。

3. 取出反應混合物，冷卻至室溫，此時應觀察到產物析出。

4. 加入25 mL的去離子水，並將大塊固體打碎、攪拌後靜置5分鐘。

5. 冰浴。

6. 抽氣過濾收集固體。

7. 將所收集到的固體溶於12 mL的熱水（水溫不可超過80℃），緩慢降溫以結晶的方式純化產物。

   （註：結晶的要點及注意事請參考實驗二。）

8. 抽氣過濾，收集純化後的固體，以烘箱乾燥後秤重並計算產率。

9. 測量乾燥後的固體及乙醯水楊酸標準品的熔點。

10. 配製展開液。混合4 mL乙酸乙酯、6 mL正己烷，及2~3滴的冰醋酸。

11. 取少量乾燥後的固體、水楊酸及乙醯水楊酸標準品分別溶於少量的甲醇中，以毛細管吸取三種溶液分別點在TLC片上、展開後分析純度。

參│考│資│料

1. Fessenden, R. J.; Fessenden, J. S. Techniques and Experiments for Organic Chemistry; PWS Publishers: Boston, Massachusetts, 1983.

2. Eaton, D. C. Laboratory Investigations in Organic Chemistry, McGraw-Hill Inc., 1993.

實驗日期：＿＿＿＿＿＿＿　　評分：＿＿＿＿＿＿＿

科系：＿＿＿＿＿＿＿　　年級：＿＿＿＿＿＿＿　　班級：＿＿＿＿＿＿＿

組別：＿＿＿＿＿＿＿　　姓名：＿＿＿＿＿＿＿　　學號：＿＿＿＿＿＿＿

實驗十一 ▶ 阿斯匹靈的合成與鑑定（預報）

一、目 的

二、實驗步驟（以文字、繪圖或流程圖的方式表示）

三、實驗前作業

1. 依實驗步驟中所用的藥品量，計算反應時水楊酸與醋酸酐的莫耳數比，並估算理論產量。

2. 查出乙醯水楊酸的熔點及對水的溶解度。

四、其他注意事項

實驗日期：＿＿＿＿＿＿＿　評分：＿＿＿＿＿＿＿＿

科系：＿＿＿＿＿＿＿　年級：＿＿＿＿＿＿＿　班級：＿＿＿＿＿＿＿

組別：＿＿＿＿＿＿＿　姓名：＿＿＿＿＿＿＿　學號：＿＿＿＿＿＿＿

實驗十一 ▶ 阿斯匹靈的合成與鑑定

一、實驗數據

1. 反應時所用的水楊酸量(g)：＿＿＿＿＿＿＿＿＿＿＿＿＿＿＿＿＿

2. 反應時所用的醋酸酐量(g)：＿＿＿＿＿＿＿＿＿＿＿＿＿＿＿＿＿

3. 反應所得乙醯水楊酸產物的量(g)：＿＿＿＿＿＿＿＿＿＿＿＿＿＿

4. 熔點測定：水楊酸(℃)：＿＿＿＿＿＿＿＿＿＿＿＿＿＿＿＿＿

　　　　　乙醯水楊標準品(℃)：＿＿＿＿＿＿＿＿＿＿＿＿＿＿

　　　　　產物(℃)：＿＿＿＿＿＿＿＿＿＿＿＿＿＿＿＿＿＿＿

二、實驗結果（請寫出完整的反應方程式、計算理論產量及產率；畫出TLC片上之結果）

三、討論（依產率、產物的熔點及TLC片上之結果討論產物的純度，以及可能影響產率之因素）

四、問題回答

1. 請畫出水楊酸與甲醇反應後產物的結構，並寫出其英文的化學名稱。

   答：

2. 為什麼步驟1中要特別說明使用乾的三角燒瓶？如果三角燒瓶中殘留水，對實驗結果有什麼影響？

   答：

3. 反應時除了用硫酸外，是否能用鹽酸做為催化劑？為什麼？

   答：

4. 說明在展開液中加入2~3滴冰醋酸的目的。

   答：

目 的

利用酯化反應合成人工香料。

原 理

　　還記得古早味零食香蕉飴嗎？軟軟、QQ還有淡淡的香蕉味。打開水蜜桃口味的糖果，頓時聞到一股濃濃的水蜜桃香，令人心中充滿了甜甜的感覺，這些都要歸功於香料。香料可添加在食物、香水、芳香劑或其他產品中，增加產品的風味，使產品更具有吸引力，因此「香料」與日常生活的關係密切。

　　雖然這些日常生活中經常使用到的香料聞起來有天然的水果香味，但很可能不是真的取自於水果，而是利用化學反應製造出來的人工香料。為什麼要用人工香料，不用天然香料？因為天然香料常含有其他成分，可能會因為穩定性差無法長期保存、不耐高溫等因素，無法承受加工處理的過程，而且有時容易產生殘餘風味(off-taste)，使食物口感變差。另外香料的需求量及產品的價格也使人工香料得以取代天然香料，成為食品及民生產品中的添加劑。

　　許多有水果味道的香氣分子是屬於有機化合物中的「酯(ester)」，例如乙酸異戊酯(isoamyl acetate)有香蕉的味道，丁酸乙酯(ethyl butyrate)聞起來像鳳梨。一般而言，酯類化合物是無色的，分子量低時為液體，結構與羧酸類似，可視為羧酸(carboxylic acid)的衍生物。與羧酸相比，因無法形成分子間的氫鍵，所以沸點較低，具揮發性。許多低分子量的酯有特別的果香味，又可稱為果香精。高分子量的酯多半是不具香氣的固體。表12-1列舉了常見的酯類分子及其化學結構和氣味。

　　實驗室最常用來合成酯類化合物的方法有二種：(1)羧酸與醇反應，脫水後產生酯，這樣的反應需要酸催化，稱為「Fisher esterification」。(2)醇或酚與羧酸的衍生物例如酸酐(acid anhydride)或醯鹵(acyl halide)反應。最著名的例子就是阿斯匹

靈的合成，利用第二種酯化反應將水楊酸轉變為乙醯水楊酸。以下將針對「Fisher esterification」進行說明。

一、Fisher esterification

「Fisher esterification」的反應可以用以下的通式表示，在酸的催化下，一分子的羧酸與一分子的醇反應，脫去一分子的水後即形成酯。常用的酸為濃硫酸或鹽酸。反應機構可分為活化羧酸、加成及脫水等三大步驟（圖12-1）。

$$R'-OH \ + \ HO-\underset{\overset{\displaystyle O}{\|}}{C}-R \ \underset{}{\overset{H^+}{\rightleftharpoons}} \ R'O-\underset{\overset{\displaystyle O}{\|}}{C}-R \ + \ H_2O$$

$$\underset{醇}{} \qquad \underset{羧酸}{} \qquad \underset{酯}{}$$

$$HO-\underset{\overset{\displaystyle O}{\|}}{C}-R \ \overset{H^+}{\rightleftharpoons} \ \left[HO-\underset{\overset{\displaystyle {}^+OH}{\|}}{C}-R \ \longleftrightarrow \ HO-\underset{\underset{+}{|}}{C}-R \ \longleftrightarrow \ HO=\underset{\overset{\displaystyle OH}{|}}{C}-R \right]$$

步驟一：質子與羧酸結合，活化羧酸。

$$HO-\underset{\underset{+}{|}}{\overset{\overset{OH}{|}}{C}}-R \ + \ R'-OH \ \rightleftharpoons \ \underset{\underset{R'OH}{|}}{\overset{\overset{OH}{|}}{RCOH}} \ \rightleftharpoons \ \underset{\underset{OR'}{|}}{\overset{\overset{OH}{|}}{RCOH}} \ + \ H^+$$

步驟二：醇與羧酸結合後失去質子，形成四面體的中間體。

$$\underset{\underset{OR'}{|}}{\overset{\overset{OH}{|}}{RCOH}} \ + \ H^+ \ \rightleftharpoons \ \underset{\underset{OR'}{|}}{\overset{\overset{OH}{|+}}{RCOH_2}} \ \overset{-H_2O}{\rightleftharpoons} \ \overset{\overset{{}^+OH}{\|}}{RCOR'} \ \overset{-H^+}{\rightleftharpoons} \ \overset{\overset{O}{\|}}{RCOR'}$$

步驟三：脫去一分子的水。

📌 圖12-1　Fisher esterification的反應機構。

Fisher esterification是可逆的反應，用來生產酯類化合物時，起始物無法完全反應，產率有限。根據勒沙特列原理，移除產物或增加反應物的量可以改變平衡的狀

態，有利於產物的生成，因此反應時可增加羧酸或醇的量，使二者的莫耳數比不再是1：1，或不斷地移除其中一個產物。如果利用蒸餾的方式移除水，就是移除產物增加產率的做法。除此之外反應物的結構也會影響產率，例如苯酚或其他立體障礙大的醇及羧酸就比較不適合進行Fisher esterification。

　　利用Fisher esterification合成大量的酯，為加速反應，使反應能在合理的時間內完成，通常必須加熱起始混合物，使溶液迴流（反應裝置如圖12-2）。反應結束後混合物包括未反應完全的起始物、產物、水及硫酸，此時應加入大量的去離子水，洗去水及與水互溶的雜質，取得產物。去水後的產物可以用蒸餾的方式純化。

二、酯化反應實驗器材之架設

1. 將升降臺置於實驗桌面，三叉夾固定在抽氣櫃中的不鏽鋼架上。

2. 將加熱包放在升降臺上，用三叉夾夾住單頸圓底瓶的頸部。轉動升降臺的黑色旋鈕將加熱包升高，並檢查單頸圓底瓶的位置是否恰當，如太高或太低則重新調整三叉夾及單頸圓底瓶的位置。

3. 倒入反應混合物、催化劑、並加入數顆沸石。

4. 將蛇形冷凝管架在單頸圓底瓶上。上方開口**不需要**塞住或加上溫度計。

5. 接好黃色橡皮管，入水口橡皮管的另一端接到抽氣櫃右上方綠色的出水口。開啟抽氣櫃前方水龍頭旋鈕並調整水量的大小。（檢查出水口橡皮管之出水量，確定在蒸餾的過程中有水流出即可，水量不需太大。）

6. 開啟加熱包上的開關並轉動黑色旋鈕調整加熱速率，開始進行反應。

7. 實驗結束後，降下升降臺停止加熱。

　　在本次實驗中將利用二種方式進行酯化反應，如果要製備小量的酯，可以在試管內進行，這樣便能在短時間內合成出各種不同的酯，比較味道之差異。利用圖12-2的裝置進行反應則可以製備大量的酯，得到的產物經過純化後可作為香料。因此實驗操作依需求分為小量及大量酯類合成。小量的酯類合成，將在試管內合成5種常見的水果香料，以熟悉酯類的合成，並比較合成香料與天然果香之異同。在大量的酯類合成的部分，將先架設如圖12-2的裝置，合成香蕉油，除了瞭解酯化反應外，更重要的是學習有機合成的實驗裝置及操作方法。

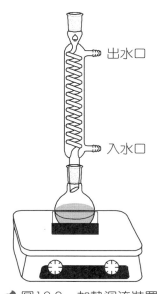

📌 圖12-2　加熱迴流裝置

★ 冒 表12-1　常見酯類分子的結構及氣味

酯類分子的化學結構（通式）： $R-\overset{\overset{O}{\|\|}}{C}-OR'$			
化合物名	氣味	分子量(g/mol)	化學結構
Allyl hexanoate	鳳梨	156.22	
Ethyl butyrate	鳳梨	116.16	
Ethyl nonanoate	葡萄	186.29	
Ethyl pentanoate	蘋果	130.18	
Geranyl pentanoate	蘋果	238.37	
Benzyl acetate	桃子	150.18	
Propyl acetate	梨子	102.13	
Methyl cinnamate	草莓	162.19	

★ 目 表12-1 常見酯類分子的結構及氣味（續）

酯類分子的化學結構（通式）： $\underset{\overset{\displaystyle O}{\|}}{R-C-OR'}$			
化合物名	氣味	分子量(g/mol)	化學結構
Methyl phenylacetate	蜂蜜	150.17	
Methyl salicylate	冬青油味	152.15	

實驗前作業

1. 寫出表12-2中酯類合成的化學方程式。

2. 依第二部分大量製備的藥品及實驗步驟，計算反應所需冰醋酸及異戊醇的用量。

實驗器材

試管··5 支

量筒(10 mL)··1 支

單頸圓底瓶(25 mL)··1 個

三角燒瓶(125 mL)··3 個

蛇形冷凝管··1 支

分液漏斗(100 mL)··1 支

滴管··2 支

試管架··1 個

加熱攪拌器··1 臺

加熱包··1 臺

沸石··3~4 顆

鋁箔紙

藥品

冰醋酸(glacial acetic acid, $C_2H_4O_2$) ·······························15 mL

正丁酸(butyric acid, $C_4H_8O_2$) ································· 4 mL

水楊酸(salicylic acid, $C_7H_6O_2$) ······························· 1 g

異戊醇(isoamyl alcohol, $C_5H_{12}O$) ····························15 mL

甲醇(methanol, CH_4O) ·· 4 mL

乙醇(ethanol, C_2H_6O) ·· 2 mL

正辛醇(n-octanol, $C_8H_{18}O$) ··································· 2 mL

無水硫酸鎂(magansium sulfate, anhydrous, $MgSO_4$) ···················· 少量

飽和碳酸氫鈉(sodium bicarbonate, $NaHCO_3$)水溶液 ···············15 mL

濃硫酸(conc. sulfuric acid, H_2SO_4)

實驗步驟

一、製備小量、多樣化的酯

1. 準備熱水浴。

2. 依表12-2，將酸、醇及濃硫酸加入試管中，混合均勻，在試管口蓋上鋁箔紙。

3. 將試管放入熱水浴中加熱，煮沸約2分鐘。

4. 取出試管，靜置、等待反應混合物降至室溫。以手搧試管口，試聞所合成產物的氣味。（如味道太濃無法判別，取1~2滴反應混合物，加入熱水中，稀釋後再聞聞看。）

5. 比較所合成人工香料之氣味與所熟悉的果香是否相同。

★ 表12-2　合成常見水果香料之成分與用量

香味	酸	酯	濃硫酸	產物
香蕉	冰醋酸1.5 mL	異戊醇1 mL	8~10滴	乙酸異戊酯
蘋果	正丁酸1 mL	甲醇1 mL	8~10滴	正丁酸甲酯
鳳梨	正丁酸1 mL	乙醇1 mL	8~10滴	正丁酸乙酯
橘子	冰醋酸1.5 mL	正辛醇1 mL	5~10滴	乙酸正辛酯
冬青油	水楊酸0.5 g	甲醇1 mL	4~5滴	水楊酸甲酯

二、大量酯類合成－香蕉油的製備

1. 依原理中器材之架設架好反應裝置。

2. 取0.15 mol的冰醋酸及0.075 mol的異戊醇，加入大小適合的單頸圓底瓶中。

3. 在步驟2的混合物中加入0.2 mL的濃硫酸及數顆沸石。

4. 檢查反應裝置無誤後開始加熱至迴流。加熱、迴流反應1.5小時。

5. 反應結束後冷卻混合物。

6. 加入反應混合物3~4倍體積的去離子水，混合、倒入分液漏斗中。分層後保留產物。

7. 以10~15 mL去離子水清洗產物。

8. 以10~15 mL的飽和碳酸氫鈉水溶液清洗產物。

9. 以10~15 mL去離子水清洗產物。

10. 產物中加入少量無水硫酸鎂除水。

11. 傾析收集產物、秤重。

12. 計算產率。

13. 以手搧風試聞所合成產物的氣味。（如味道太濃無法判別，取少量產物以熱水稀釋後再聞聞看。）

參│考│資│料

1. Techniques and experiments for organic chemistry, R. J. Fessenden & J. S. Fessenden, 1983, PWS Publishers.

2. Laboratory investigations in organic chemistry, D. C. Eaton, 1993, McGraw-Hill Inc.

3. 化學實驗，生活實用版，莊麗貞編著，中華民國87年出版，文京圖書有限公司。

實驗日期：＿＿＿＿＿＿　　評分：＿＿＿＿＿＿

科系：＿＿＿＿＿＿　　年級：＿＿＿＿＿＿　　班級：＿＿＿＿＿＿

組別：＿＿＿＿＿＿　　姓名：＿＿＿＿＿＿　　學號：＿＿＿＿＿＿

實驗十二 ▶ 酯化反應（預報）

一、目 的

二、實驗步驟（以文字、繪圖或流程圖的方式表示）

三、實驗前作業

1. 寫出表12-2中酯類合成的化學方程式。

2. 依第二部分大量製備的藥品及實驗步驟，計算反應所需冰醋酸及異戊醇的用量。

四、其他注意事項

實驗日期：＿＿＿＿＿＿＿　評分：＿＿＿＿＿＿＿

科系：＿＿＿＿＿＿＿　年級：＿＿＿＿＿＿＿　班級：＿＿＿＿＿＿＿

組別：＿＿＿＿＿＿＿　姓名：＿＿＿＿＿＿＿　學號：＿＿＿＿＿＿＿

實驗十二 ▶ 酯化反應

一、實驗數據

(一) 製備小量、多樣化的酯

試管編號	產物	產物的味道		
		未稀釋	＿＿滴/10mL熱水	＿＿滴/10mL熱水
1	乙酸異戊酯			
2	正丁酸甲酯			
3	正丁酸乙酯			
4	乙酸正辛酯			
5	水楊酸甲酯			

(二) 大量酯類合成：香蕉油的製備

1. 冰醋酸用量：＿＿＿＿＿＿＿＿＿＿＿＿＿＿＿＿＿＿＿＿＿＿＿＿＿

2. 異戊醇用量：＿＿＿＿＿＿＿＿＿＿＿＿＿＿＿＿＿＿＿＿＿＿＿＿＿

3. 粗產物的量：＿＿＿＿＿＿＿＿＿＿＿＿＿＿＿＿＿＿＿＿＿＿＿＿＿

4. 產物的味道：＿＿＿＿＿＿＿＿＿＿＿＿＿＿＿＿＿＿＿＿＿＿＿＿＿

二、實驗結果（描述反應所得香蕉油的外觀、寫出完整的反應方程式、並利用粗產物的量計算產率）

三、討論（請討論反應及回收產物的過程中可能影響產率的因素）

四、問題回答

1. 比較產物的味道與天然的香蕉氣味，如不相同，請討論可能的原因。

    答：

2. 請寫出步驟2-6在水層及有機層中的化合物。

    答：

3. 請寫出步驟2-7、2-9以去離子水清洗的目的。

    答：

4. 在步驟2-8中為什麼要用飽和的碳酸氫鈉溶液清洗產物？

    答：

5. 進行小量實驗之味道測試時，為什麼要用熱水稀釋產物？

    答：

MEMO

Experimental Organic
Chemistry

目 的

熟悉油、脂的物理、化學性質及皂化反應。

原 理

　　「肥皂」是人類生活不可缺乏的必需品，從早期阿嬤時代洗衣用的「水晶肥皂」，到現在添加的精油及香料的手工香皂；從傳統的方形肥皂，到現在各種美麗、可愛的造型。肥皂的功能區分地更細，在外觀上也經歷了多次改革，但肥皂的基本功能「清潔」則始終不變。雖然肥皂的製造越來越容易，從工廠的專業製程到現在流行的DIY，製造肥皂的主要原料皆為油、脂及鹼，製造肥皂所利用到的化學反應是化學家所熟悉的「皂化」反應。除酒精的製造外，肥皂的製造被認為是最早的有機合成。雖然皂化不是什麼新奇的反應，但歸屬於有機化學中很重要的一大類反應，「親核性醯基取代反應(nucleophilic acyl substitution reactions)」。

一、油、脂之分類及特性

　　「油脂」是耳熟能詳的名詞，一般人提到「油脂」都會認為是同一種的物質，給人的第一印象多半是負面的，讓人立刻聯想起肥胖或心臟血管疾病，為了健康或美觀的理由，一般人多會限制「油脂」的攝取量。嚴格說來「油(oil)」、「脂(fat)」所指的是不完全相同的二大類化合物，油脂對人體也不全然都是有害的。依型態而分，在室溫呈現固態的稱為「脂」，液態的則是「油」。不論油或脂都有特別的功能，例如人體需要有某些脂肪酸，否則會發生生長遲緩的問題；食物中過度缺乏油脂則可能造成毛髮稀疏、皮膚粗糙、脫皮及傷口不易癒合等。另外身體內的重要臟器也受到油脂的保護，才不致於受到嚴重的碰撞。

　　第一位研究「油脂」性質的是法國的化學家Michel-Eugene Chevreul。早在1820年左右Chevreul就發現「油」、「脂」水解後產生脂肪酸(fatty acids)及甘油(glycerol)，由此可知「油」、「脂」是由這二種分子化合而成，圖13-1為脂肪酸、甘油及油脂的代表結構，三分子的脂肪酸與一分子的甘油反應脫去三分子的水，所形成的化合物即為「油」、「脂」，因此「油」、「脂」也稱為「三酸甘油酯(triglycerides)」，是酯類化合物的一種。三酸甘油酯的組成脂肪酸可以是三個完全相同的分子或不同的分子，如果是不同的分子，其差異主要是「R」所含的碳數及雙鍵數。脂肪酸的結構上如果有一個以上的雙鍵，稱為不飽和脂肪酸，雙鍵越多，不飽和度越大；相反地，不含雙鍵的脂肪酸則稱之為飽和脂肪酸，碳數在4~30之間，但超過20個碳的飽和脂肪酸較為少見。不飽和脂肪酸又可分為含一個雙鍵的單元不飽脂肪酸(monounsaturated fatty acid)，及多個雙鍵的多元不飽和脂肪酸(polyunsaturated fatty acid)。雙鍵如果出現在由脂肪酸最尾端（離羧基的碳最遠的一端）算起來的第3個碳上，稱為 ω-3 族的不飽和脂肪酸，以此類推， ω-6及 ω-9分別代表雙鍵出現的位置。至今至少已發現超過100種的脂肪酸，排列組合後可形成超過500,000種的三酸甘油酯，由此可知雖然「油」、「脂」的結構類似但實際上種類繁多。

　　熔點高的三酸甘油酯在室溫呈固體，熔點低的則為液態，而熔點的高低則受組成脂肪酸長度及飽和度的影響。表13-1列出油脂中常見的數種脂肪酸，如表所示，所有脂肪酸都具有偶數個碳，因生物體利用acetyl coenzyme A為原料，以二個碳為單位，逐步合成特定長度的脂肪酸。一般而言，脂肪酸的碳鏈越長，分子間的作用力越大，所形成的三酸甘油酯熔點較高，在室溫下為固體。一般而言「10」是脂肪酸固、液態的分野，含十個碳以上的飽和脂肪酸在室溫下呈固態。另外分子間排列的整齊程度也會影響分子間的作用力，因此脂肪酸的飽和度會影響三酸甘油酯的熔點。圖13-2中所列的是硬脂酸及順、反式油酸(*cis*-oleic acid、*trans*-oleic acid)的化學結構，硬脂酸為十八個碳的飽和脂肪酸，與油酸有相同的碳數，但油酸有一個雙鍵。雙鍵對結構的影響可以由圖13-2看出，飽和及具反式雙鍵的油酸，可以排成直線狀，當結構中有順式的雙鍵時，會使原來呈直線的結構彎曲，因此形成三酸甘油酯時會影響分子之間的堆疊，使脂肪酸分子間排列不整齊，降低分子間的作用力，降低熔點，最後讓三酸甘油酯呈現液態。幸運的是生物體中自然合成的都是順式的脂肪酸，反式脂肪酸多是在人為改變油脂性質時產生的，如製造乳瑪琳（人造奶

油）時需進行氫化反應，將不飽和脂肪酸中的雙鍵還原為單鍵，增加飽和度，使油脂由液態變為固態，氫化的過程中部分油脂發生去氫化的反應，因此產生一定量的反式脂肪酸。已有研究顯示反式脂肪酸對人體的危害更甚於飽和脂肪酸，食入過多的反式脂肪酸增加心血管疾病、乳癌的發生率。

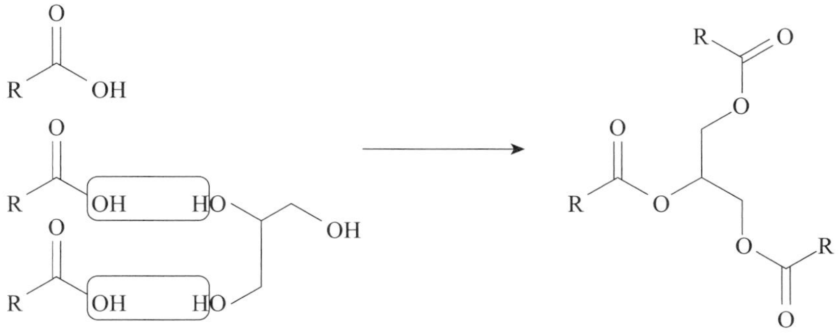

脂肪酸　　甘油　　三酸甘油酯

圖13-1　脂肪酸、甘油及三酸甘油酯之化學結構示意圖

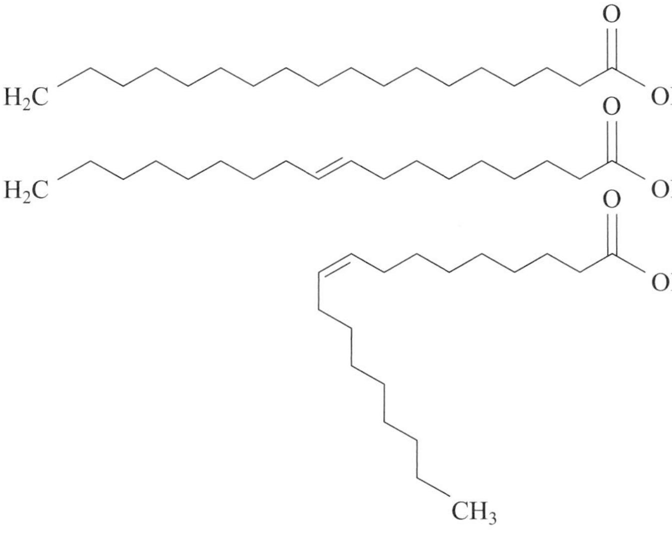

硬脂酸
反式油酸
順式油酸

圖13-2　硬脂酸及順、反式油酸及其化學結構

動物、植物油中組成三酸甘油酯的脂肪酸不完全相同，一般認為動物性油脂中的飽和脂肪酸較植物性油脂多，使其在室溫時呈固態例如豬油。植物性油脂則含較多的單元及多元不飽和脂肪酸，不易固化堆積在血管壁，有利於人體的健康。實際上並非所有的植物性油脂都是如此，棕櫚油(palm oil)即含大量的飽和脂肪酸，使

棕櫚油在室溫下呈半固態，不適合食用。表13-2列出常見的動、植物性油脂其中所含的脂肪酸及各脂肪酸所占的比例。其中值得注意的是魚油，雖然被歸為動物性油脂，但不飽和脂肪酸占大部分，深海魚油還含有豐富的「DHA」、「EPA」，對預防心血管疾病的發生、腦力及視力的發育，及增加學習能力等有極大的助益。

有些油脂的穩定性差，放久了會產生「油耗味」，尤其是暴露在空氣或在高溫的環境下，例如含不飽和脂肪酸的油脂，空氣中的水氣會水解油脂產生氣味不佳的丁酸(butyric acid)。另外因不飽和脂肪酸反應性佳，雙鍵易與空氣中的氧進行氧化反應，尤其結構中如果有allylic proton時，氧化反應通常發生在allylic position的位置，產生過氧化物，這些過氧化物進一步分解，產生難聞的低分子量醛（圖13-3）。除了高溫及空氣外，光、金屬離子及自由基也會破壞不飽和脂肪酸的雙鍵，使油脂變質，所以脂肪酸所含雙鍵越多，油脂越不穩定。含較多不飽和脂肪酸的油脂發煙點低，並不適合用於高溫油炸及熱炒。高溫的狀況下，油脂容易裂解，同時也容易產生反式的脂肪酸。

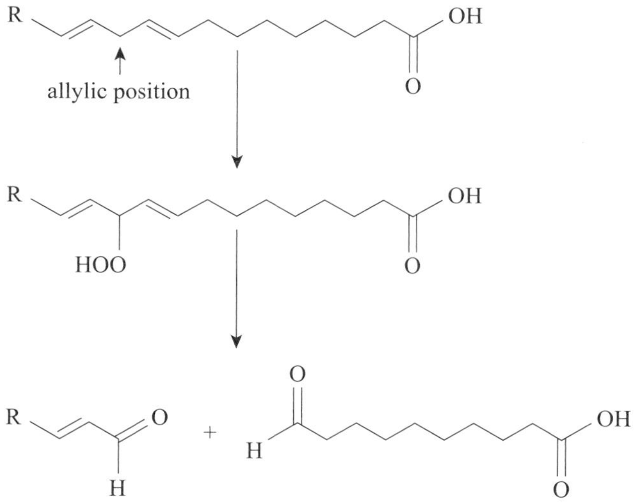

📌 圖13-3　不飽和脂肪酸之氧化及裂解

二、皂化反應

　　酯類化合物在酸或鹼性的狀況下都可以進行水解(hydrolysis)產生羧酸及醇，在鹼性的狀況下進行的水解反應稱之為「皂化」。早在西元前600年腓尼基人(Phoenicians)把山羊的油脂與木灰混在一起加熱，木灰含碳酸鉀，最後便產生了具清潔作用的脂肪酸鹽及甘油，這就是最早的肥皂製作過程，也因此便將酯類在鹼性下的水解反應稱之為「皂化(saponification)」。圖13-4為油、脂進行皂化反應的通式，反應的結果產生脂肪酸及甘油，因一分子的油或脂有三個酯類官能基，要三分子的鹼才能將其完全水解，產生一分子的甘油及三分子的脂肪酸。常用的鹼除氫氧化鈉外還有氫氧化鉀，因為反應在鹼性下進行，產生的脂肪酸與鹼反應形成鹽類，如果脂肪酸的飽和度較高，脂肪酸鹽析出後成固體即為「肥皂」。

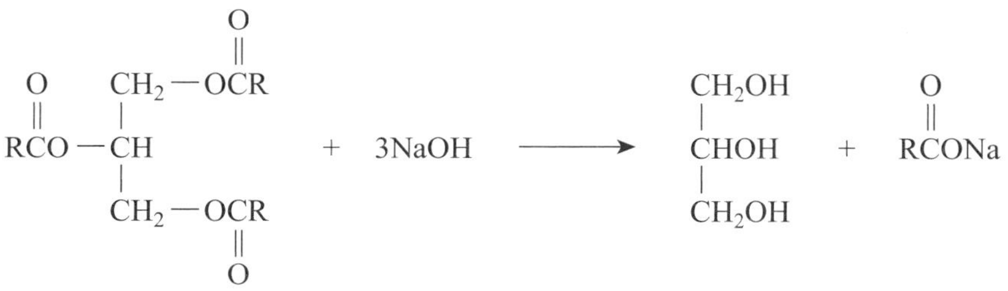

📌 圖13-4　油、脂之皂化反應

　　皂化屬於「親核性醯基取代反應」，反應細分為四步驟，包含「加成(addition)」及「脫去(elimination)」二大部分。圖13-5列出皂化詳細的反應機構，為了能清楚地說明，圖中只畫出一分子的酯與鹼進行反應。第一步驟加成反應；反應物中電子多的氫氧根離子先接到親電子的「羰基碳(carbonyl carbon)」上，使羰基碳由sp^2混成變為sp^3混成，形成四面體結構的中間體。在第三步驟中烷氧基脫離，因烷氧基為強鹼，與形成的羧酸反應，最後所得的產物即為醇及羧酸根。因第一步的活化能最高，是皂化反應的速率決定步驟。

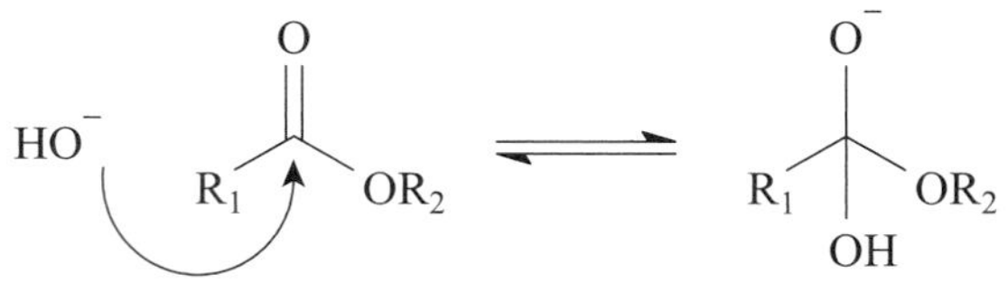

第一步：氫氧根離子接到親電子的羰基碳上。

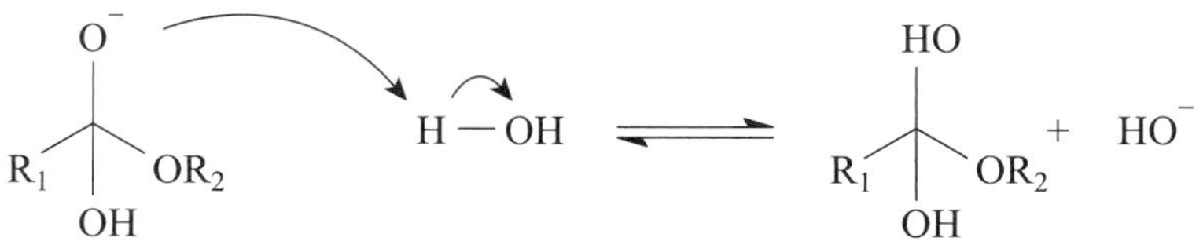

第二步：質子轉移，接到具四面體結構的中間體。

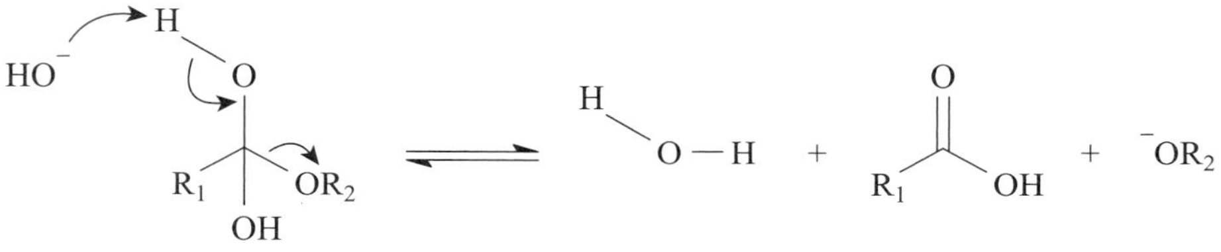

第三步：烷氧基脫離，形成羧酸。

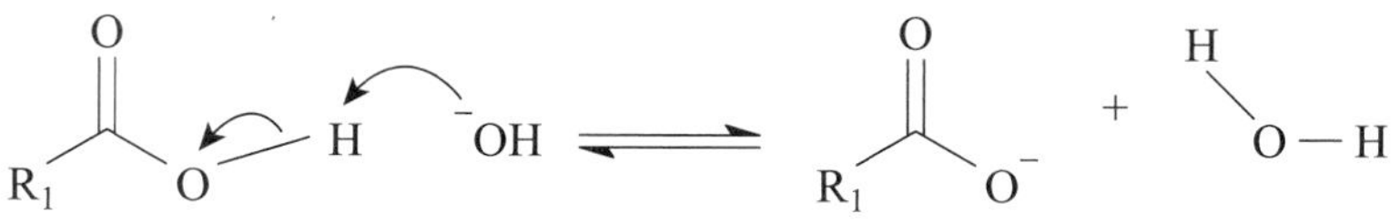

第四步：酸鹼中和，形成最後產物醇及羧酸根。

📌 圖13-5　皂化反應之反應機構

三、油、脂性質之測試

油、脂的性質可以由下列幾種數值及測試的結果表示，「皂化值(saponification number)」及「碘價(iodine number)」代表三酸甘油酯中組成脂肪酸的長度及飽和度。除此之外，「bromine test」的結果也代表油、脂的不飽和度。其他如極性，可以用油、脂在不同溶劑中的溶解度表示；「丙烯醛測驗(acrolein test)」的結果及酸價(acid value)」則可代表油、脂的品質。

一公克的油或脂完全被轉變為脂肪酸及甘油所需要消耗氫氧化鉀的毫克數(mg)即為「皂化值」。皂化值的大小代表油、脂中組成脂肪酸分子的大小，組成脂肪酸的鏈長較短，代表分子量較小，一公克油或脂中所含脂肪酸的莫耳數較多，皂化所需要的氫氧化鉀自然較多，這種油脂的皂化值較大。表13-3列出一些常見油脂的皂化值，例如椰子油的皂化值大於橄欖油，因椰子油含有較多低分子量的脂肪酸。皂化值除了代表油、脂的組成脂肪酸外，還可以用來計算進行皂化反應時所需要用的鹼量，如果皂化時所用的鹼是氫氧化鈉，其用量也由皂化值計算。

油、脂中組成脂肪酸的不飽和度由「碘價」來表示。脂肪酸的雙鍵會與碘進行加成反應，碘加在雙鍵的碳上，使脂肪酸由不飽和變為飽和，碘溶液的顏色消失。讓100克的油或脂完全達飽和所需消耗碘的克數即定義為「碘價」。碘價越高，油、脂中所含不飽和脂肪酸的量越高。飽和度高的油脂如椰子油，其碘價約為8~10，不飽和度高的油脂，如亞麻籽油(linseed oil)，碘價可高達170~205。

油、脂保存不當會裂解產生甘油及脂肪酸，裂解的程度可以由「丙烯醛測驗」得知。當油或脂與硫酸氫鉀(potassium bisulfate, $KHSO_4$)一起加熱時，裂解產生的甘油會脫水及氧化成丙烯醛(acrolein)（圖13-6）。丙烯醛具有特殊的氣味，因此反應後如果聞到丙烯醛的味道，就代表油脂中有甘油的存在。裂解出游離脂肪酸的含量也代表油、脂品質的好壞，游離脂肪酸越高，品質越差。因酸價為中和1克油、脂所消耗氫氧化鉀的毫克數，油、脂的酸價越大，品質也越差。

📌 圖13-6 甘油與硫酸氫鉀加熱，反應產生丙烯醛

其他可以測量的性質包括油脂的溶解度及擴散度。油、脂的溶解度測試可以幫助瞭解油脂的極性，作法為取定量極性不同的溶劑，如水、乙醇、乙醚、丙酮及乙酸乙酯，逐滴加入不同的油脂，混合均勻後觀察是否分層，由此便可探討油脂在不同溶劑中的溶解程度。「spot test」是一種簡單但很有用的測試方法，用來觀察油脂的擴散狀況。將一滴的油及水各滴在一張濾紙上，乾燥後觀察顏色及擴散狀況。這樣的測試快速而且不需要特殊的儀器設備，常用來檢測機油的品質，以判斷是否需要更換新的機油。

本次實驗將先探討油、脂的性質，進行溶解度及「丙烯醛測驗」，瞭解各種油脂之不同，再取定量的油脂進行皂化反應，先加入定量氫氧化鈉進行皂化，30分鐘後以標定過的鹽酸標準溶液滴定，由反應後所剩下氫氧化鈉的量計算皂化值。

★ 🗐 表13-1　常見的脂肪酸及其熔點

碳數	英文名	中文名	化學結構	熔點
C_{12}	Lauric acid	月桂酸	$CH_3(CH_2)_{10}COOH$	44.8℃
C_{14}	Myristic acid	肉豆蔻酸	$CH_3(CH_2)_{12}COOH$	54.4℃
C_{16}	Palmitic acid	棕櫚酸、軟脂酸	$CH_3(CH_2)_{14}COOH$	62.9℃
	Palmitoleic acid	棕櫚油酸	$CH_3(CH_2)_5CH=CH(CH_2)_7COOH$	0℃
C_{18}	Stearic acid	硬脂酸	$CH_3(CH_2)_{16}COOH$	70.1℃
	Oleic acid	油酸	$CH_3(CH_2)_7CH=CH(CH_2)_7COOH$	16.3℃
	Linoleic acid	亞麻油酸	$CH_3(CH_2)_4CH=CHCH_2CH=CH(CH_2)_7COOH$	-5℃
	Linolenic acid	次亞麻油酸	$CH_3CH_2CH=CHCH_2CH=CHCH_2CH=CH(CH_2)_7COOH$	-11℃
C_{20}	Arachidonic acid	花生四烯酸	$CH_3(CH_2)_4(CH=CHCH_2)_4CH_2CH_2COOH$	-49.5℃

★ 目 表13-2　動、植物油中脂肪酸的種類及含量。脂肪酸的含量以莫耳百分比表示

動物性油脂							
	來源 脂肪酸	牛油	奶油	豬油	鱈魚油	鯡魚油	沙丁 魚油
飽和	短鏈	1	9-13	0	0	0	0
	肉豆蔻酸	6	7-9	1-2	5-7	5	6-8
	軟脂酸	27	23-26	24-30	8-10	14	10-16
	硬脂酸	14	10-13	12-18	0-1	3	1-2
	總量	48	43-52	41-50	13-18	22	17-26
不飽和	油酸	49	30-40	41-48	27-33	0	6-10
	亞麻油酸	2	4-5	10	27-32	0	27-11
	次亞麻油酸	0	0	0	0	30	8-12
	總量	52	39-50	51-58	82-88	78	78-85

植物性油脂							
	來源 脂肪酸	椰子油	玉米油	橄欖油	棕櫚油	花生油	葵花油	大豆油
飽和	短鏈	55-73	0	0	0	0	0	0
	肉豆蔻酸	17-20	0-2	0	1-6	0-1	1	0-1
	軟脂酸	4-10	7-11	5-15	32-47	6-9	6	10-13
	硬脂酸	1-5	3-4	1-4	3-6	2-6	5	2-5
	總量	77-97	10-17	6-19	36-59	8-15	12	12-19
不飽和	油酸	2-10	43-50	69-84	38-42	50-70	21	21-29
	亞麻油酸	0-2	34-42	4-12	5-11	13-26	66	50-59
	次亞麻油酸	0	0	2	0	2	1	2-10
	總量	3-13	77-93	81-94	43-58	85-92	88	81-88

★ 目 表13-3　常見油、脂的皂化值

油、脂	皂化值 （mg KOH/1g fat or oil）	油、脂	皂化價 （mg KOH/1g fat or oil）
杏仁油(Almond oil)	190.0	玉米油(Corn oil)	190.0
杏核仁油(Apricot oil)	190.0	豬油(Lard)	198.5
酪梨油(Avocado oil)	187.5	芒果脂(Mango butter)	189.0
蜜蠟(Beeswax)	93.0	橄欖油(Olive oil)	192.0
菜籽油(Canola oil)	174.7	棕櫚油(Palm oil)	199.1
蓖麻油(Castor oil)	180.3	紅花油(Safflower oil)	192.0
可可脂(Cocoa butter)	195.0	乳油木果脂(Shea butter)	184.0
椰子油(Coconut oil)	257.0	葵花籽油(Sunflower oil)	188.7

實驗前作業

寫出藥品中所列各種油脂所含脂肪酸的種類、比例及皂化值。

實驗器材

單頸圓底瓶(100 mL)……………………………………………………… 1 個

加熱包………………………………………………………………………… 1 臺

蛇形冷凝管…………………………………………………………………… 1 支

升降臺………………………………………………………………………… 1 臺

滴定管………………………………………………………………………… 1 支

三角燒瓶(125 mL)………………………………………………………… 2 個

滴管…………………………………………………………………………… 3 支

試管………………………………………………………………………… 10 支

沸石………………………………………………………………………… 數粒

藥品

麻油、大豆油、橄欖油、椰子油（或其他油脂）⋯⋯⋯⋯⋯⋯⋯⋯⋯⋯ 各約1 mL

椰子油⋯⋯⋯⋯⋯⋯⋯⋯⋯⋯⋯⋯⋯⋯⋯⋯⋯⋯⋯⋯⋯⋯⋯⋯⋯⋯⋯⋯⋯ 1.5 g

廢油⋯⋯⋯⋯⋯⋯⋯⋯⋯⋯⋯⋯⋯⋯⋯⋯⋯⋯⋯⋯⋯⋯⋯⋯⋯⋯⋯⋯⋯⋯⋯ 3 滴

硫酸氫鉀(potassium bisulfate, $KHSO_4$) ⋯⋯⋯⋯⋯⋯⋯⋯⋯⋯⋯⋯⋯⋯ 少量

甲醇(methanol, CH_4O) ⋯⋯⋯⋯⋯⋯⋯⋯⋯⋯⋯⋯⋯⋯⋯⋯⋯⋯⋯⋯⋯ 1 mL

丙酮(acetone, C_3H_6O) ⋯⋯⋯⋯⋯⋯⋯⋯⋯⋯⋯⋯⋯⋯⋯⋯⋯⋯⋯⋯⋯ 1 mL

乙酸乙酯(ethyl acetate, $C_4H_8O_2$)⋯⋯⋯⋯⋯⋯⋯⋯⋯⋯⋯⋯⋯⋯⋯⋯ 1 mL

乙醚(diethyl ether, $C_4H_{10}O$)⋯⋯⋯⋯⋯⋯⋯⋯⋯⋯⋯⋯⋯⋯⋯⋯⋯⋯ 1 mL

氫氧化鈉水溶液0.5 M ⋯⋯⋯⋯⋯⋯⋯⋯⋯⋯⋯⋯⋯⋯⋯⋯⋯⋯⋯⋯60 mL

酚酞(phenolphthalein)指示劑

實驗步驟

一、油、脂在溶劑中之溶解度

1. 各取3滴麻油、大豆油、橄欖油、椰子油等不同的油，分別加入標示過的乾淨試管中。在試管中加入1 mL的去離子水，混合均勻後靜置，觀察是否分層。記錄結果。

2. 在步驟1的試管中再加入3滴油，混合均勻後靜置，觀察是否分層。

3. 以3滴為單位，重複步驟2，直到油與溶劑分層為止，記錄油與溶劑分層所需消耗的總油滴數。

4. 另取乾淨的試管，重複步驟1、2及3，但以甲醇代替水當作溶劑，加入試管中，觀察是否分層，記錄結果。

5. 重複步驟4，分別以丙酮、乙酸乙酯或乙醚作為溶劑，觀察是否分層。記錄結果。

6. 依結果排出麻油、大豆油、橄欖油及椰子油在各種溶劑中溶解度之順序。

二、丙烯醛測驗

1. 取三支乾淨的試管，分別加入少量硫酸氫鉀。在其中的一管加入3滴的甘油，另一管加入3滴的大豆油，最後一管則加入3滴的廢油。

2. 將步驟1的試管以本生燈上加熱，直到內容物呈黃棕色(yellowish brown)為止。小心地以手搧試管口，比較三支試管所產生的氣味。

三、椰子油之皂化值

1. 依照「實驗十二－酯化反應」實驗步驟所示，架好升降臺、加熱包、冷凝管及單頸圓底燒瓶，並在瓶中加入數顆沸石。

2. 精確秤取1~1.5 g的椰子油，加入單頸圓底燒瓶中。

3. 加入10 mL的乙醇溶解油。

（註：可以先用水浴加熱乙醇，增加椰子油與乙醇的互溶性。）

4. 加入30 mL、0.5 M氫氧化鈉水溶液，以加熱包加熱至沸騰，溶液迴流、反應30分鐘。

5. 等步驟4的反應混合物冷卻至室溫，加入2～3滴的酚酞指示劑，以標定過0.5 M的鹽酸標準溶液滴定至終點。

6. 另取30 mL、0.5 M 氫氧化鈉水溶液加入三角燒瓶中，加入2～3滴的酚酞指示劑，以標定過0.5 M的鹽酸標準溶液滴定至終點。

7. 計算步驟5、6所消耗鹽酸標準溶液的體積。

8. 利用步驟7的數據，計算皂化反應所用掉氫氧化鈉的莫耳數，由此計算椰子油的「皂化值」。

（註：「皂化值」請以氫氧化鉀的毫克數表示。）

9. 已知皂化所用油的克數、皂化反應的化學計量及步驟7的數據，計算椰子油的平均分子量。

📚 參|考|資|料

1. Fessenden, R. J.; Fessenden, J. S. Techniques and Experiments for Organic Chemistry; PWS Publishers: Boston, Massachusetts, 1983.

2. Eaton, D. C. Laboratory Investigations in Organic Chemistry; McGraw-Hill Inc.: New York, NY, 1993.

實驗日期：＿＿＿＿＿＿＿　　評分：＿＿＿＿＿＿＿

科系：＿＿＿＿＿＿＿　　年級：＿＿＿＿＿＿＿　　班級：＿＿＿＿＿＿＿

組別：＿＿＿＿＿＿＿　　姓名：＿＿＿＿＿＿＿　　學號：＿＿＿＿＿＿＿

實驗十三 ▶ 油、脂的性質及皂化反應（預報）

一、目 的

二、實驗步驟（以文字、繪圖或流程圖的方式表示）

三、實驗前作業

1. 寫出藥品中所列各種油脂所含脂肪酸的種類、比例及皂化值。

四、其他注意事項

實驗日期：＿＿＿＿＿＿＿　評分：＿＿＿＿＿＿＿

科系：＿＿＿＿＿＿＿　年級：＿＿＿＿＿＿＿　班級：＿＿＿＿＿＿＿

組別：＿＿＿＿＿＿＿　姓名：＿＿＿＿＿＿＿　學號：＿＿＿＿＿＿＿

實驗十三 ▶ 油、脂的性質及皂化反應

一、實驗數據

(一) 油、脂在溶劑中之溶解度

溶劑＼滴數		3滴	6滴	9滴	12滴	15滴	18滴
水	麻油						
	大豆油						
	橄欖油						
	椰子油						
甲醇	麻油						
	大豆油						
	橄欖油						
	椰子油						
丙酮	麻油						
	大豆油						
	橄欖油						
	椰子油						

溶劑 \ 滴數		3滴	6滴	9滴	12滴	15滴	18滴
乙酸乙酯	麻油						
	大豆油						
	橄欖油						
	椰子油						
乙醚	麻油						
	大豆油						
	橄欖油						
	椰子油						

(二) 椰子油之皂化值

1. 油脂的質量(g)：_____

2. 鹽酸標準溶液的濃度(M)：_____

3. 滴定：

反應混合物中所剩下氫氧化鈉的量		
滴定管讀值	初始體積(V_i)(mL)	
	終點體積(V_f)(mL)	
所消耗鹽酸體積(ΔV)(mL)		
氫氧化鈉莫耳數(mol)		
30 mL、0.5 M 氫氧化鈉溶液中氫氧化鈉的量		
滴定管讀值	初始體積(V_i)(mL)	
	終點體積(V_f)(mL)	
所消耗鹽酸體積(ΔV)(mL)		
氫氧化鈉莫耳數(mol)		

4. 椰子油的皂化值：＿＿＿＿＿＿＿＿＿＿＿＿＿＿＿＿＿＿＿＿＿＿＿＿

5. 椰子油的平均分子量：＿＿＿＿＿＿＿＿＿＿＿＿＿＿＿＿＿＿＿＿＿＿

二、實驗結果（請詳細列出皂化值及椰子油平均分子量之計算）

三、討論（查出各油脂脂肪酸的組成，對照實驗結果，討論油脂的極性大小）

四、問題回答

在步驟4中加熱迴流進行皂化反應，反應結束後，如果部分溶劑殘留在冷凝管中，是否會影響下一個步驟的滴定結果？

答：

目 的

利用皂化反應製造肥皂，並比較用不同油脂所製成肥皂的性質。

原 理

　　肥皂的製造起源甚早，西元前腓尼基人已經有使用肥皂清潔皮膚的紀錄，西元八世紀左右肥皂的製造在義大利及西班牙已十分常見，一般認為肥皂工業源自於當時義大利的薩佛納，到西元十三世紀肥皂工業流傳至法國，當時製造肥皂都是使用牛油、羊脂等動物性油脂，法國馬賽(Marseilles)地區則用地中海沿岸所產的橄欖油以及烘培海藻所得的鹼製造出品質極佳的「橄欖肥皂」，其後肥皂工業在英國、瑞典等地流傳開來，化學家開始研究與肥皂製造相關的反應及油、脂的性質。

一、製造肥皂的原料

　　油、脂與鹼是製造肥皂不可缺少的二大原料。油、脂進行皂化反應產生脂肪酸鹽及甘油，脂肪酸鹽析出後即是具清潔作用的肥皂，因此皂化反應所用的鹼及油脂中脂肪酸的組成會影響肥皂的質地，肥皂的溶解度、洗淨力及發泡等性質主要受脂肪酸種類的影響。一般而言使用氫氧化鈉所製造出的肥皂質地較硬，氫氧化鉀所製成的肥皂質地較軟。油、脂中含較多的飽和脂肪酸，如牛油、豬油、椰子油及棕櫚油等，做出來的肥皂也比較硬，相反地用不飽和度較高的油脂所做成的肥皂則較軟。除了氫氧化鈉及氫氧化鉀二種強鹼外，弱鹼性的三乙醇胺(triethanolamine)也可以用來製造肥皂。在油脂方面，常用的油或脂包括牛油、豬油、椰子油及棕櫚油等，表14-1列出常用來製造肥皂的油脂中脂肪酸的種類及比例；表14-2則列出含不同脂肪酸的肥皂之性質。目前越來越多高級肥皂標榜特殊的效果，會使用除動物性及飽和植物性油脂外的其他油脂，如甜杏仁油、酪梨油等，這些油脂多含不飽和的

脂肪酸，已普遍用於化妝保養品，使用這一類的油脂除了可以提高肥皂的價值外，也有人認為所製成的肥皂較溫和，對皮膚較好。

二、肥皂的製程

肥皂的製造一般分為批次(batch)及連續二種方式，「批次」顧名思義一次只製造一批肥皂，產量有限，目前已有可以連續進行皂化及中和的設備，因此大量生產多採用連續的方式。不論批次或連續的生產方式，製造肥皂的過程相似，最傳統的是以批次的方法利用鍋爐加熱、熬煮油脂及鹼，因此以批次法為例，介紹肥皂的製造程序。如圖14-1所示，批次法製造肥皂分成皂化、純化及加工等三大部分。混合後的油脂經加熱熔化，與鹼液在高溫下進行皂化反應，產生脂肪酸鹽及甘油，因脂肪酸鹽在食鹽水中的溶解度不佳，反應後加入飽和食鹽水使肥皂析出，此步驟稱之為鹽析，為確保肥皂的品質，可重複鹽析的步驟加以純化，如果鹽析的過程中保持混合液的溫度，靜置數小時，肥皂會逐漸與混合液分離，飄浮在液面上，下層的溶液則含沒用完的鹼、甘油、鹽等雜質。純化後的肥肪酸鹽經乾燥便可做成皂基，並進行後續的加工，加工的部分包括添加色素、香料及如殺菌劑等其他有效成分，最後定型成為可供銷售的肥皂。

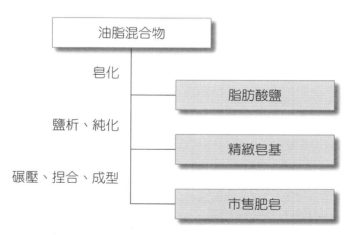

🔖 圖14-1　以批次的方法製造肥皂的流程圖

上述的批次製程屬於「熱製法」，在高溫進行皂化，反應可在數小時內完成。另一種則為「冷製法」，油脂與鹼混合均勻後不加熱，持續攪拌至反應混合物半固化，呈現像「美奶滋」的狀態即可倒入模型中使其固化、成型。此種製法反應完成所需的時間較長，至少需一星期以上。但因製造的方式簡單、方便，一般的手工

肥皂，或「DIY」自製肥皂多採此方式。「冷製法」製肥皂的過程中因無純化的步驟，為避免過量的鹼對皮膚造成傷害，鹼的用量通常較油少，油脂為過量試劑，因此反應完成時有部分的油脂未進行皂化反應。

三、肥皂的種類

肥皂並無固定的分類方式，依外觀及性質可分為化妝肥皂(toilet soap)、超脂肥皂(super fatted soap)、浮水肥皂(floating soap)、透明肥皂(transparent soap)等，如果依功能來分，可區分成的種類更多。市售的一般肥皂多屬於化妝肥皂，優質的皂基顏色偏白，在冷、熱水中皆可適度的發泡。如果在加工的過程中加入適當比例的高級脂肪酸或脂肪醇等原料，所製成的肥皂即稱為「超脂肥皂」，因所加入的副原料屬於油脂類，會降低肥皂的清潔力，但能使泡沫更加細緻，洗後較不易產生乾、澀的感覺。至於浮水肥皂，顧名思義肥皂能飄浮在水中，這是在皂基冷卻的過程中高速攪拌打入空氣，混入的空氣使皂基的體積增加，密度變小，因此可以飄浮在水面上。在皂化的過程中加入甘油、丙二醇、聚乙二醇、酒精、糖、山梨糖醇或樹脂等稀釋皂基，抑制脂肪酸鹽的結晶，如此肥皂便呈現透明狀，透明肥皂不僅外觀美麗，也因含甘油、砂糖等保濕成分，能保護皮膚，較不具刺激性，讓人有柔和的感覺。

研究結果顯示，脂肪酸鹽分子的極性基團和碳氫鏈分別在橫向及縱向並列數排，形成層狀的結構。製造透明肥皂所加入的透明化劑會破壞碳氫鏈間的作用力，使肥皂原本的長鏈狀纖維結構消失，出現細微的晶體結構。日本的鴨田等（鴨田學，1969）學者曾以X光繞射檢視透明肥皂的結構，發現透明劑確實使不透明肥皂結晶中的纖維軸垂直斷裂，形成比可見光波長還要短的細微結構。

四、肥皂的性質及檢測

肥皂是一種具良好清潔力的界面活性劑，化學結構中包含水溶性及油溶性二部分，脂肪酸鹽中羧酸的官能基($-COO^-$)帶負電是親水的部分，長鏈則是親油的部分。因性質相同的物質才能互相溶解，長鏈親油的部分使脂肪酸鹽無法溶於水，在水中脂肪酸鹽聚集形成「微胞(micelle)」。最簡單的微胞具單層結構（圖14-2），外圍與水接觸是脂肪酸鹽親水的羧酸官能基，長鏈的基團排列整齊，構成微胞內層親油的環境，這樣的特性能幫助清除汙垢，這也是肥皂具有清潔作用的主因。圖

14-3是肥皂去汙機制的示意圖；汙垢多為油溶性的物質，不溶於水中，如果用肥皂清潔，汙垢很容易地被包在微胞內，再利用外圍羧酸官能基與水的作用，使油汙能溶於水中，沖洗時便能將油汙帶走。

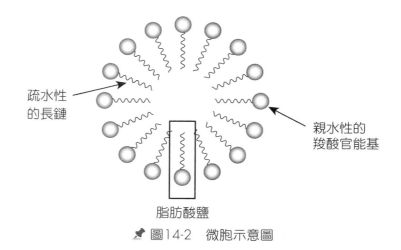

圖14-2　微胞示意圖

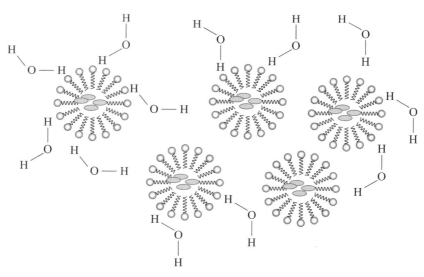

圖14-3　微胞清潔汙垢的作用機制
（圖中的橢圓形代表汙垢。）

　　肥皂清潔的效力與水質關係密切，在硬水中有較多鈣離子、鎂離子及鐵離子，使肥皂的清潔力降低，這些離子會與脂肪酸鹽結合產生不溶的化合物，因此消耗了部分的肥皂。脂肪酸鹽與鈣、鎂或鐵離子作用，所形成的不溶物沉積在浴盆上即為「soap scum」。鈣離子與脂肪酸鹽形成不溶物的化學反應式列在圖14-4中。

📌 圖14-4 　鈣離子與脂肪酸鹽形成「soap scum」

　　肥皂是弱酸與強鹼所形成的鹽類，溶於水後水溶液呈鹼性，酸鹼度約在10左右。製造肥皂時如果對鹼的用量沒控制好，可能造成肥皂的鹼性過高，對皮膚產生傷害。

五、肥皂的配方

　　製造肥皂時通常會依清潔效果、硬度、起泡性、是否具特殊功效及原料價格等選擇數種合適的油脂，各類油、脂所含的脂肪酸種類不同，最後製成的肥皂之性質由占最大比例的脂肪酸決定，例如油脂混合物中最主要的成分如果是椰子油，因椰子油含約48%的月桂酸(lauric acid)，所製成的肥皂質地較硬，清潔性及起泡性佳。表14-3列出製造肥皂時常用的油脂、最大推薦用量及皂化價，其中有「＊」記號者是對乾性皮膚較佳的油脂。

　　決定所用的油脂後，皂化所需的鹼量可以由油脂混合物的總皂化價決定。首先依各油脂所占的比例及其皂化價，算出使一公克油脂混合物完全反應所需氫氧化鉀的質量，再乘以油脂混合物的總質量即為使反應完全所需氫氧化鉀的總量。為避免肥皂的鹼過高，而且過量的油脂對皮膚有保護的效果，清潔後較不易使皮膚留下乾澀的感覺，所以製造肥皂時通常會使油脂過量約1~7%，因此計算出所需的鹼量乘以93~99%即為皂化時氫氧化鉀的真正用量。如果要用氫氧化鈉進行皂化反應，先算出氫氧化鉀的用量，再用氫氧化鉀和氫氧化鈉的分子量算出氫氧化鈉的用量。例如製造95%超脂肥皂如果需要200 g的油脂，其中含40%的椰子油、20%的橄欖油及40%的棕櫚油，依上述方法可計算出皂化時所需加入氫氧化鈉的量。

1. 總皂化價(mg/g)：$(257×40\%)+(192×20\%)+(199.1×40\%)=221$
2. 200 g油脂皂化時所需氫氧化鉀的量(g)：$\dfrac{221×200.0}{1000}=44.2$

3. 200 g油脂皂化時所需氫氧化鈉的量(g)：$(\dfrac{44.2}{56.1}) \times 40.0 = 31.5$

4. 製造95%超脂肥皂所需氫氧化鈉的量(g)：$31.5 \times 95\% = 29.9$

　　皂化時要先將氫氧化鈉溶於水，再加入油脂中，所用的水量不固定，通常取可將鹼配成20~40%水溶液所需要的水量。例如將29.9 g的氫氧化鈉溶於75 g的去離子水，因此所配出氫氧化鈉溶液的重量百分比濃度約為29%。

六、肥皂的性質及測試

　　肥皂品質的好壞受許多因素的影響，如油脂的新鮮度、混合比例、皂化時間、鹼的用量及所加入其他物質的品質等，因此所製造出的肥皂應進行物理及化學性質的分析，以確保品質。在物理性質方面，可以測試的項目包括皂體重量、外觀色澤、光滑度、完整性、泡沫的細緻度、使用後皂體是否軟化或龜裂、洗淨力及對皮膚之刺激性等；在化學性質的測試方面則應有游離脂肪酸、游離鹼、鹽分殘留量、含水量及凝固點等多項測試。

　　本實驗供了熱、冷二種製造肥皂的方法。熱製法需要的設備略多，但可以加速反應的進行，使皂化反應能在一小時內完成，並學習鹽析的純化方式。冷製法的優點是操作方便，不需純化，但完成皂化所需的時間較長。不論是熱或是冷製法，都可以用來製造一般的化妝肥皂，反應時如果加入酒精、甘油及糖水，所得即為透明肥皂。因此實驗中將利用熱製法製備化妝肥皂，及冷製法製備透明肥皂。第一部分的實驗將選擇不同的油脂，製造肥皂，測試肥皂的性質，探討油脂種類對肥皂觸感、味道、溶解度、起泡度等品質的影響，在第二部分，各組事先設計配方、計算所需要的鹼及水量，再利用冷製法製備透明肥皂。

★ 🗐 表14-1　油、脂中脂肪酸的組成

脂肪酸 \ 來源		椰子油	棕櫚油	棕櫚仁油	牛油	豬油	大豆油	米糠油
飽和脂肪酸(%)	己酸(C_6)	0.2	—	—	—	—	—	—
	辛酸(C_8)	8.0	3.0	—	—	—	—	—
	庚酸(C_{10})	7.0	3.0	—	—	—	—	—
	月桂酸(C_{12})	48.2	52.0	—	—	—	—	—
	肉豆蔻酸(C_{14})	17.3	15.0	1.0	2.2	1.0	—	0.4
	軟脂酸(C_{16})	8.8	7.5	42.5	35.0	26.0	8.3	17.0
	硬脂酸(C_{18})	2.0	2.5	4.0	15.7	11.0	5.4	2.7
	花生油酸(C_{20})	—	—	—	—	—	0.1	0.4
	木脂酸(C_{24})	—	—	—	—	—	—	1.0
不飽和脂肪酸(%)	油酸	6.0	16.0	43.0	44.0	48.7	24.0	45.5
	亞麻油酸	2.5	1.0	9.5	2.2	12.2	52.3	27.7
	次亞麻油酸	—	—	—	0.4	0.7	7.9	—
	花生四烯酸	—	—	—	0.1	0.4	—	—

★ 🗐 表14-2　不同脂肪酸所製成肥皂性質之比較

性質	組成肥皂的脂肪酸鹽						
	飽和脂肪酸					不飽和脂肪酸	
脂肪酸	癸酸	月桂酸	肉豆蔻酸	棕櫚酸	硬脂酸	油酸	亞麻油酸
碳數	10	12	14	16	18	18	18
雙鍵數	0	0	0	0	0	1	2
溶解度	易溶	易溶	可溶	難溶	不溶	易溶	易溶
去汙力	很弱	稍強	強	強	很強	強	中
泡沫量	小	大	大	中	小	大	中
泡沫質地	稍粗	稍粗	細緻	細緻	細緻	稍粗	稍粗
泡沫持續性	小	中	大	大	中	中	中

表14-2　不同脂肪酸所製成肥皂性質之比較（續）

性質	組成肥皂的脂肪酸鹽						
	飽和脂肪酸					不飽和脂肪酸	
脂肪酸	癸酸	月桂酸	肉豆蔻酸	棕櫚酸	硬脂酸	油酸	亞麻油酸
潤膚效果	－	無	無	無	無	有	有
硬度	硬	硬	硬	硬	硬、脆	軟、具黏性	柔軟
安定性	佳	佳	佳	佳	佳	普通	易變質

表14-3　製造肥皂時常用的油脂、最大推薦用量及皂化價

油、脂		最大推薦用量(%)	皂化價(mg KOH/1g fat or oil)
杏仁油(Almond oil)	*	10-50	190.0
杏核仁油(Apricot oil)	*	10-50	190.0
酪梨油(Avocado oil)	*	10	187.5
蜜蠟(Beeswax)		3	93.0
菜籽油(Canola oil)		10-15	174.7
蓖麻油(Castor oil)	*	10	180.3
可可脂(Cocoa butter)	*	15	195.0
椰子油(Coconut oil)		10-50	257.0
玉米油(Corn oil)		10-15	190.0
豬油(Lard)		10-60	198.5
芒果脂(Mango butter)	*	11	189.0
橄欖油(Olive oil)	*	10-50	192.0
棕櫚油(Palm oil)		10-50	199.1
紅花油(Safflower oil)		10-15	192.0
乳油木果脂(Shea butter)	*	11	184.0
葵花籽油(Sunflower oil)	*	10-15	188.7

（1.「＊」表示對乾性皮膚較佳的油脂。2.製造透明肥皂時通常加入一定比例的蓖麻油。）

🧪 實驗前作業

1. 依實驗步驟畫出熱製法製造肥皂的流程，流程中應包含反應裝置圖及氫氧化鈉溶液的重量百分比濃度。

2. 設計製造透明肥皂時的配方，配方中應包含油脂種類、皂化值之計算、氫氧化鈉及水的用量。

🧪 實驗器材

單頸圓底瓶(100 mL)⋯⋯⋯⋯⋯⋯⋯⋯⋯⋯⋯⋯⋯⋯⋯⋯⋯⋯⋯ 1 個

蛇形冷凝管⋯⋯⋯⋯⋯⋯⋯⋯⋯⋯⋯⋯⋯⋯⋯⋯⋯⋯⋯⋯⋯⋯⋯ 1 支

加熱包⋯⋯⋯⋯⋯⋯⋯⋯⋯⋯⋯⋯⋯⋯⋯⋯⋯⋯⋯⋯⋯⋯⋯⋯⋯ 1 臺

試管⋯⋯⋯⋯⋯⋯⋯⋯⋯⋯⋯⋯⋯⋯⋯⋯⋯⋯⋯⋯⋯⋯⋯⋯⋯ 10 支

升降臺⋯⋯⋯⋯⋯⋯⋯⋯⋯⋯⋯⋯⋯⋯⋯⋯⋯⋯⋯⋯⋯⋯⋯⋯⋯ 1 臺

沸石⋯⋯⋯⋯⋯⋯⋯⋯⋯⋯⋯⋯⋯⋯⋯⋯⋯⋯⋯⋯⋯⋯⋯⋯⋯⋯ 少許

加熱攪拌器⋯⋯⋯⋯⋯⋯⋯⋯⋯⋯⋯⋯⋯⋯⋯⋯⋯⋯⋯⋯⋯⋯⋯ 1 臺

玻棒⋯⋯⋯⋯⋯⋯⋯⋯⋯⋯⋯⋯⋯⋯⋯⋯⋯⋯⋯⋯⋯⋯⋯⋯⋯⋯ 1 支

燒杯⋯⋯⋯⋯⋯⋯⋯⋯⋯⋯⋯⋯⋯⋯⋯⋯⋯⋯⋯⋯⋯⋯⋯⋯⋯⋯ 3 個

石蠟膜

紅色石蕊試紙

🧪 藥品

油脂（棕櫚油、大豆油、橄欖油、椰子油等）⋯⋯⋯⋯⋯⋯⋯⋯⋯ 10 g

其他油脂（如蓖麻油、可可脂、荷荷芭油等）⋯⋯⋯⋯⋯⋯⋯⋯⋯ 5 g

乙醇(95%)⋯⋯⋯⋯⋯⋯⋯⋯⋯⋯⋯⋯⋯⋯⋯⋯⋯⋯⋯⋯⋯⋯⋯ 10 mL

氯化鈉(sodium chloride, NaCl)⋯⋯⋯⋯⋯⋯⋯⋯⋯⋯⋯⋯⋯⋯⋯ 15 g

氫氧化鈉(sodium hydroxide, NaOH)⋯⋯⋯⋯⋯⋯⋯⋯⋯⋯⋯ 約35 g

肥皂香料

肥皂色素

氯化鈣(calcium chloride, $CaCl_2$)溶液(5%)⋯⋯⋯⋯⋯⋯⋯⋯⋯⋯ 3 滴

氯化鎂(magnesium chloride, $MgCl_2$)溶液(5%)⋯⋯⋯⋯⋯⋯⋯ 3 滴

稀硫酸(sulfuric acid, H_2SO_4)(0.05 M)

🧪 實驗步驟

一、熱製法製造肥皂

1. 架設反應裝置，調整好位置後取下冷凝管，在單頸圓底瓶中加入數顆沸石。

2. 秤取6 g的氫氧化鈉固體，加入小燒杯中，加入20 mL去離子水使其完全溶解。

   （註：氫氧化鈉溶於水時會大量放熱，應注意所用玻璃器皿的耐受性，並注意安全。）

3. 將步驟2所製備的氫氧化鈉溶液加入單頸圓底瓶中。

4. 秤取6 g的油脂，加入單頸圓底瓶中。

   （註：為了比較不同油脂所做出肥皂的性質，請各組取不同的油脂進行反應，再平分做出的肥皂，以利於比較。）

5. 取20 mL 95%乙醇清洗步驟4裝油脂的空燒杯，將清洗過的乙醇加入單頸圓底瓶中。

6. 重新架上冷凝管，開始加熱，使反應混合物迴流反應30分鐘。

7. 反應進行時先準備氯化鈉溶液。取30 g氯化鈉，溶於100 mL的水中。

   （註：可以加熱幫助氯化鈉溶解，待氯化鈉完全溶解後降溫（至室溫）、備用。）

8. 將反應後的混合物加入步驟7的溶液中，攪拌使混合均勻。

9. 冰浴，使步驟8的混合物降至室溫。

10. 抽氣過濾收集固體。

11. 以少量的冰水清洗所收集到的固體，乾燥後備用。

二、冷製法製造透明肥皂

1. 設計透明肥皂的配方，所需油脂的總量為15 g，可以混合數種油脂，以符合需求。本配方中去離子水的用量固定為5.0 g，乙醇、甘油及糖等透明劑的用量也固定。

2. 用100 mL的燒杯秤取所需要的油脂及6.4 g 95%的乙醇。

3. 將秤好的油脂及乙醇倒入一個250 mL的燒杯。如果含固體的油脂，加熱使其熔化。

4. 秤取所需要的氫氧化鈉，溶於5 mL的水中。

   （註：氫氧化鈉溶於水時會大量放熱，應注意所用玻璃器皿的耐受性，並注意安全。）

5. 將步驟4的氫氧化鈉溶液加入步驟3的油脂混合物中，以玻棒攪拌使氫氧化鈉與油脂混合均勻。

6. 觀察並記錄混合物的變化。

7. 利用皂化反應進行時製備糖水。秤取2.8 g的糖，加入2.5 g的水中，加熱使糖完全溶於水，備用。

8. 秤取3.7 g的甘油，備用。

9. 當混合物固化、呈「美奶滋」狀，加入步驟7的糖水及步驟8的甘油。

10. 混合均勻，以加熱攪拌器加熱至混合物完全熔化呈透明液狀，停止加熱，降溫。

11. 當步驟10的混合物降至約60℃左右，滴入肥皂香精及色素，混合均勻後倒入模型中。

12. 將做好的肥皂放在通風處，靜置至少一個星期才可使用。

三、肥皂的性質測定

(一) 鈣、鎂離子對肥皂的影響

1. 取0.70 g以熱製法所製成的肥皂，溶於50 mL的去離子水中，製成肥皂水。

2. 取10 mL的肥皂水，加入一支乾淨的試管中，以石蠟膜封口，上下搖動試管，產生泡沫，讓溶液靜置30秒後記錄泡沫的高度。

3. 逐滴加入5%氯化鈣溶液，上下搖動試管，讓溶液靜置30秒，記錄泡沫的高度；觀察並記錄試管內發生的其他現象。

4. 重複步驟2及步驟3，以5%氯化鎂溶液取代5%氯化鈣溶液。

5. 取0.70 g市售肥皂，加入一支乾淨的試管中，溶於50 mL的去離子水中，製成肥皂水。

6. 取10 mL的肥皂水，加入乾淨試管中，以石蠟膜封口，上下搖動試管，產生泡沫，讓溶液靜置30秒後記錄泡沫的高度。

7. 逐滴加入5%氯化鈣溶液，上下搖動試管，讓溶液靜置30秒，觀察溶液的變化並記錄泡沫的高度。

8. 重複步驟6及步驟7，以5%氯化鎂溶液取代5%氯化鈣溶液。

9. 比較鈣、鎂離子對肥皂的影響。

(二) 肥皂的去油力

1. 分別取5滴大豆油,加入三支乾淨的試管中。

2. 在第一支試管中加入5 mL的去離子水,在第二支試管中加入5 mL步驟1-1中所製的肥皂水,在第三支試管中加入市售的肥皂水(步驟1-5所製之肥皂水)。

3. 以石蠟膜封口,上下搖動試管,靜置數分鐘,記錄並比較三試管中的狀況。

(三) 酸對肥皂的影響

1. 取5 mL用市售肥皂所製的肥皂水,加入一支乾淨的試管中。

2. 取5 mL步驟1-1中所製的肥皂水,加入一支乾淨的試管中。

3. 分別逐滴加入稀硫酸直到溶液呈酸性為止(以紅色石蕊試紙測試),記錄所加入稀硫酸的滴數及溶液的變化。

(四) 肥皂的透光度測試

1. 以文書處理軟體列印「ABC」三個英文字母,字母大小設定為14 pts。

2. 切下厚度為0.5公分的透明肥皂塊,放在印有「ABC」字母的白紙上,透過肥皂檢視是否能看清字母,如果可以看得清楚,代表肥皂的透明度良好。

參|考|資|料

1. Eaton, D. C. Laboratory Investigations in Organic Chemistry; McGraw-Hill Inc.: New York, NY, 1993.

2. Mabrouk, S. J. Chem. Educ. 2005, 82, 1534-1546.

3. 光井武夫,新化妝品學,第二版,合記圖書出版社發行,2004。

4. 張麗卿,現代化妝品新論,高立圖書有限公司,中華民國96年。

5. 鴨田,大畠,青木,仁科:油化學,18,804,1969.

實驗日期：＿＿＿＿＿＿＿＿　評分：＿＿＿＿＿＿＿＿

科系：＿＿＿＿＿＿＿＿　年級：＿＿＿＿＿＿＿＿　班級：＿＿＿＿＿＿＿＿

組別：＿＿＿＿＿＿＿＿　姓名：＿＿＿＿＿＿＿＿　學號：＿＿＿＿＿＿＿＿

實驗十四 ▶ 肥皂的製造（預報）

一、目 的

二、實驗步驟（以文字、繪圖或流程圖的方式表示）

三、實驗前作業

1. 依實驗步驟畫出熱製法製造肥皂的流程，流程中應包含反應裝置圖及氫氧化鈉溶液的重量百分比濃度。

2. 設計製造透明肥皂時的配方，配方中應包含油脂種類、皂化值之計算、氫氧化鈉及水的用量。

四、其他注意事項

實驗日期：＿＿＿＿＿＿　　評分：＿＿＿＿＿＿

科系：＿＿＿＿＿＿　　年級：＿＿＿＿＿＿　　班級：＿＿＿＿＿＿

組別：＿＿＿＿＿＿　　姓名：＿＿＿＿＿＿　　學號：＿＿＿＿＿＿

實驗十四 ▶ 肥皂的製造

一、實驗數據

1. 熱製法製作肥皂所使用的油脂：＿＿＿＿＿＿＿＿＿＿＿＿＿＿＿

2. 冷製法製作透明肥皂

配方										
原料	椰子油	棕櫚油	橄欖油	蓖麻油	甘油	糖	水			
用量(g)										

3. 肥皂性質的測定

    (1) 鈣、鎂離子對肥皂的影響

0.70 g/50 mL	泡沫高度(cm)	溶液變化
自製肥皂所製成的肥皂水		
肥皂水+Ca^{2+}		
肥皂水+Mg^{2+}		
0.70 g/50 mL	泡沫高度(cm)	溶液變化
市售肥皂所製成的肥皂水		
肥皂水+Ca^{2+}		
肥皂水+Mg^{2+}		

(2) 肥皂的去油力

0.70 g/50 mL	泡沫高度(cm)	溶液變化
去離子水		
自製肥皂所製成的肥皂水		
市售肥皂所製成的肥皂水		

(3) 酸對肥皂的影響

0.70 g/50 mL	稀硫酸的滴數	泡沫高度(cm)	溶液變化
自製肥皂所製成的肥皂水			
市售肥皂所製成的肥皂水			

(4) 透明肥皂的透光度：_____

二、實驗結果（請描述自製肥皂的外觀及使用時的狀況）

三、討論（請比較油脂對肥皂性質的影響）

四、問題回答

1. 製造肥皂時,反應的溫度及時間對皂化的結果是否有影響?

   答:

2. 為什麼以冷製法製成的肥皂必須放置一段時間才能使用?

   答:

3. 不論是熱製或冷製法做肥皂,一般會先讓反應混合物的溫度下降,再加入肥皂香精,為什麼?

   答:

目 的

利用轉酯化反應製造生質柴油，並探討轉酯化反應的原理。

原 理

　　隨著環保意識的抬頭，人們早已開始尋找可以代替石化產品的新能源，取之不盡用之不竭的能源，如風能、太陽能及生質能等都被列入考慮的範圍內。太陽能利用太陽所產生的能量發電，風能利用風力，生質能則是利用生物所產生的有機物，想辦法將其轉變為可以利用的電能或熱能，其中「生質柴油(biodiesel)」就是一種廣為人知的生質能。早在1911年柴油引擎的發明者Ruolf Diesel就曾經提到柴油引擎使用蔬菜油作為燃料的可能性及重要性。雖然Ruolf Diesel的年代曾經設計過用花生油為動力的引擎，但畢竟植物油的黏度太大，不適合現代的燃料噴射裝置，因此必須利用化學反應，以降低油脂的黏滯性。文獻顯示，1937年比利時的一個專利提到使用由油脂所製成酯類的可能性，在這個專利中G. Chavanne所提到的是由棕櫚油所製的乙酯(ethyl esters of palm oil)。其後石化工業蓬勃發展，直到1970及1980年代石油危機才又重新開啟了人們對替代能源的興趣。在美國種植黃豆的農民對生質柴油的發展功不可沒，1992年3月，一群農民看到由黃豆生產生質柴油的潛在市場，因此組織了「全國黃豆燃料諮商委員會(National Soy Fuels Advisory Committee)」，調查生質能源未來的市場狀況，最後便成立專門的組織「全國生質柴油委員會(National Biodiesel Board)」，專注於生質柴油的推廣。至今美國大部分的生質柴油源自於黃豆油，因為其重要性，2008到2009年全球糧食價格不斷飆漲也曾經歸咎於生質柴油。

The use of vegetable oils for engine fuels may seem insignificant today. But such oils may become in the course of time as important as the petroleum and coal tar products of the present time.

Rudolf Diesel

　　什麼是生質柴油？生質柴油的性質與由石油所產生的柴油[1]相似，也可以使汽車引擎運轉，但化學結構卻不一樣。由原油分餾得到的柴油主要是碳氫化合物(hydrocarbon)，75%為飽和的碳氫化合物，25%為芳香族的碳氫化合物。生質柴油是一種酯類化合物，例如脂肪酸甲酯，是以大豆油、葵花油、棕櫚油、烹飪廢油或動物性油脂為原料，在鹼的催化下，經轉酯化反應(transesterification)所生產出的物質（圖15-1），因動、植物油中的脂肪酸長度不同，反應後所得的產物是不同長度脂肪酸甲酯的混合物，除了脂肪酸甲酯外，反應還會產生甘油，因此生質柴油必須經過純化，移除甘油及殘留的鹼才能夠被利用，純化的步驟包括中和、水洗及蒸餾等。

📌 圖15-1　植物或動物油脂經轉酯化反應產生脂肪酸甲酯

（註1：越來越多的人將從原油經分餾所得到的柴油稱之為「petrodiesel」，避免與生質柴油「biodiesel」混淆。）

一、轉酯化反應

　　如圖15-1所示，三酸甘油酯溶於甲醇，在鹼的催化下即反應成脂肪酸甲酯（fatty acid methyl ester，簡稱FAME），如果用乙醇當溶劑，則產生脂肪酸乙酯，但在純化分離時容易乳化，所以生質柴油主要還是脂肪酸甲酯。

　　轉酯化是可逆的反應，其平衡常數接近1，因此為了讓反應完全，有利於產物的生產，反應時甲醇過量，根據勒沙特列原理，過量的甲醇能使反應趨於完全。轉酯化反應可以用酸或鹼催化，但生質柴油的製造程序大部分是以氫氧化鈉做為催化劑，因為在酸性的狀況下，反應速率慢，而且需要更多的甲醇使反應完全，有時甲醇與三酸甘油酯的比例需達20：1。以下將以圖15-2的反應為例，說明轉酯化反應。

　　鹼催化轉酯化反應所用的催化劑通常是氫氧化鈉、氫氧化鉀，或烷氧化物的金屬鹽(metal alkoxides)，例如甲氧基鈉(sodium methoxide)，不論是那種狀況，與油脂反應的親核基都是烷氧離子(alkoxide ion)。氫氧化鈉催化時，先將計算好、烘乾的氫氧化鈉溶於無水甲醇，此時溶液中小部分的甲醇會與氫氧化鈉反應，產生甲氧基離子(methoxide ion)（圖15-2），開始後續的反應步驟，因此整體反應可分為三大部分，第一部分產生烷氧親核基（甲氧基）；在第二部分中，甲氧基接到三酸甘油酯的羰基碳(carbonyl carbon)上，形成一個四面體的中間結構；最後脂肪酸與甘油間的鍵結斷裂，而形成最終產物，同樣的過程再重複進行二次後，就產生了三個分子的脂肪酸甲酯及一分子的甘油。

$$NaOH + CH_3OH \rightleftharpoons CH_3ONa + H_2O$$

第一步：形成甲氧親核基。

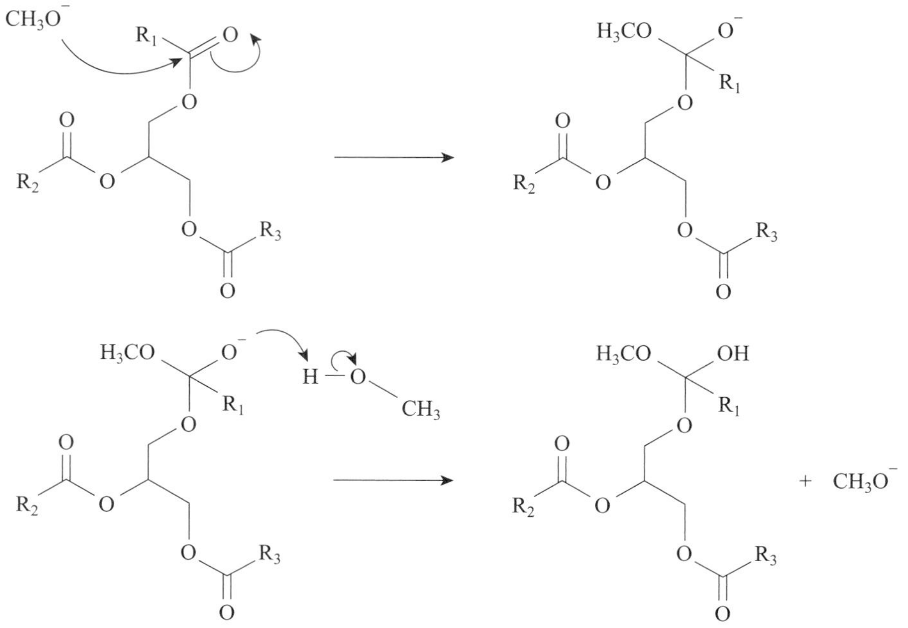

第二步：甲氧基接到三酸甘油酯中的羰基碳上，形成四面體的中間結構。

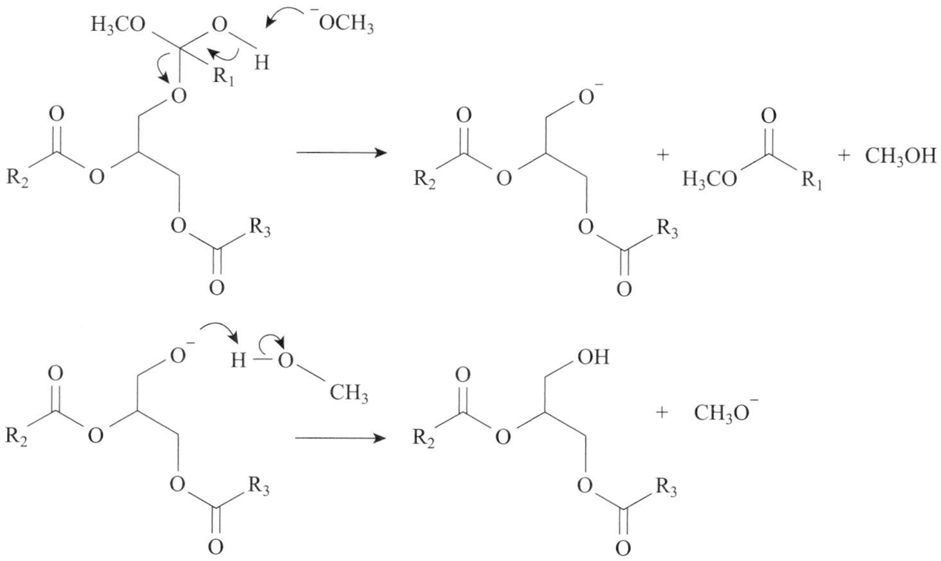

第三步：脂肪酸與甘油間的鍵結斷裂，形成脂肪酸甲酯。

🖋 圖15-2　轉酯化反應之反應機構

另一種反應方式是直接將甲氧基鈉(sodium methoxide)溶於甲醇中，這樣的反應方式十分快速，最快在30分鐘內可以完成，產率高，所需催化劑的量約為三酸甘油酯莫耳數之0.5%。如果用氫氧化鈉，反應所需的時間有時可長達4小時，所需催化劑的量約為1~2 %。

二、生質柴油所使用的原料

動、植物性油脂是製造生質柴油的主要原料，植物油包括黃豆油、玉米油、菜籽油、棉籽油、芥菜油及棕櫚油等；動物性油脂主要是牛油或豬油，另外基於資源再利用的原則，越來越多人會利用回收的廢油（waste vegetable oil，簡稱WVO），如餐廳裡油炸食物的炸油製生質柴油，其他如產油的海藻所生產的油也可以用來製造生質柴油。

回收的炸油無法直接用來進行轉酯化反應，因高溫油炸時食物中的水會與三酸甘油酯進行水解反應，產生游離的脂肪酸(free fatty acid)，這些游離脂肪酸最多可以占回收廢油總質量的15%，當油脂中游離脂肪酸的比例超過1%時，這些脂肪酸會中和轉酯化反應所用的鹼，降低生質柴油的產率，因此使用回收廢油前會先進行滴定，決定游離脂肪酸的含量，再以酸為催化劑，進行酯化反應(Fischer esterification)，將游離脂肪酸轉變為脂肪酸甲酯，去除過量的酸及水後，再進行轉酯化反應。

三、生質柴油的特性及重要性

依所用的原料不同，生質柴油呈現深淺不同的黃色，具有與水不互溶，比水輕，沸點及燃點高的特質，生質柴油原則上可以取代由原油所生產的柴油，讓汽車引擎運轉，也可以與一般的柴油混合，例如B5與B20分別代表在一般柴油中添加5%及20%的生質柴油，基於多方面的考量，目前市面上所售的「生質柴油」實際上只含部分的生質柴油，大部分仍然是一般的柴油。

與生質柴油相關的另外二個參數分別為「雲點(cloud point)」及「十六烷值(cetane number)」。生質柴油與一般柴油在性質上的最大差異為固化的溫度，在寒冷的冬天以100%生質柴油作為燃料時要特別注意，低溫時生質柴油黏度變大，固化的溫度遠較一般柴油高，例如含長鏈脂肪酸的生質柴油在-9到-10℃時開始呈現膠

狀，由黃豆油所製成的生質柴油則在0℃左右開始出現結晶，如果以動物性油脂為原料，出現結晶的溫度更高，可高達20℃左右。生質柴油開始出現結晶而呈現白色不透明狀的溫度就稱之為「雲點」。一般柴油的雲點較低，約在攝氏-15℃以下，遠低於生質柴油。

「十六烷值(cetane number)」是用來檢查柴油品質好壞的重要指標，特定的柴油引擎中，開始噴射燃料到開始燃燒所需的時間即定為十六烷值，十六烷值越高的柴油，燃料噴射到開始燃燒的時間差越短，柴油效率越高。另外高的十六烷值也代表開始燃燒所需的溫度較低，溫度低時較容易發動。通常生質柴油的十六烷值在42~45，北美地區有些州會將最低十六烷值訂在40，當柴油的十六烷值超過55時，不同柴油間的表現差異不大。

四、生質柴油的優、缺點

生質柴油具有再生(renewable)、無毒(non-toxic)及生物可分解(biodegradable)等特性，目前原料主要來自於植物，植物持續生長，便能持續地提供生質柴油，而且科學家也不斷地開發非糧食性作物，作為生產生質柴油的原料，因此生質柴油是石化燃料的良好替代品。

由環境保護的觀點來看，使用生質柴油可以減少引擎廢棄汙染物。與一般柴油相比，生質柴油不含硫化物及芳香族的化合物，燃燒後排出的廢棄物也不含硫化物及芳香族的化合物。另外研究顯示，如果使用B20的柴油，雖然柴油引擎所排放的含氮氧化物(NOx)增加2%，但微粒、碳氫化合物及一氧化碳的排放量分別降低12、20及12%。除了降低廢棄物的排放量外，使用生質柴油不會增加溫室氣體二氧化碳的排放量。一般柴油生產時不會以二氧化碳作為原料，燃燒時只會單向地釋放出二氧化碳；雖然生質柴油燃燒時也會釋放出二氧化碳，但植物生長進行光合作用，可以由空氣中吸入二氧化碳，製造氧氣及所需要的養分，空氣中的二氧化碳進入植物體，再經由燃燒進入空氣，因此而形成「碳循環」。利用生質柴油產生碳循環不至於讓二氧化碳持續增加，甚至有研究顯示，大豆生長時所消耗二氧化碳的量較生質柴油燃燒時多。

使用生質柴油的其他優點還包括安全性高，因其燃點較一般柴油高，運送及儲存時較安全。實驗結果顯示為了減少硫化物對空氣的汙染而降低柴油中硫化物的含量，同時也因此而降低了柴油的潤滑度，如在一般柴油中添加低濃度的生質柴油，則可以增加柴油的潤滑度，降低引擎元件的損耗。

　　與一般柴油相比，生質柴油生產成本高，而且目前汽車的引擎仍不適合使用百分之百的生質柴油作為燃料，最主要的原因之一是生質柴油的雲點太高，冬天北美及歐洲地區可能因氣候太冷而使柴油固化。

　　本次實驗的主要目的，是利用植物油生產生質柴油，以瞭解轉酯化反應，並對生質柴油有初步的認識。實驗時先將適量的氫氧化鈉溶解於甲醇中，加入植物油後加熱，加速反應的進行。經純化、分離後，生質柴油中殘留的甘油量代表生質柴油的品質，依照美國材料與試驗學會(American Society for Testing and Materials；ASTM)的標準，市售生質柴油中總甘油的殘留量必須小於0.25%，游離的甘油則需少於0.02%，其中總甘油量所代表的是反應及純化的完全性，其中包含不接任何脂肪酸的游離甘油、接上一個、二個及三個脂肪酸的甘油，愈高，轉酯化反應或純化愈不完全。總甘油量減去游離甘油量代表未完全反應掉的油脂。生質柴油中游離甘油的量則代表純化是否完全。

　　生質柴油中甘油的量可以利用其與過碘酸(periodic acid)的反應來測量，過碘酸會氧化相鄰碳上的醇基，產生二個含羰基的化合物，依結構可以是醛、酮或羧酸（圖15-3）。以甘油為例，一分子的甘油與過碘酸反應後會產生二分子的甲醛、一分子的甲酸、二分子的碘酸根及一分子的水（圖15-3），測量時通常會加入過量的過碘酸根與甘油反應，再以滴定的方法決定殘留的過碘酸根。

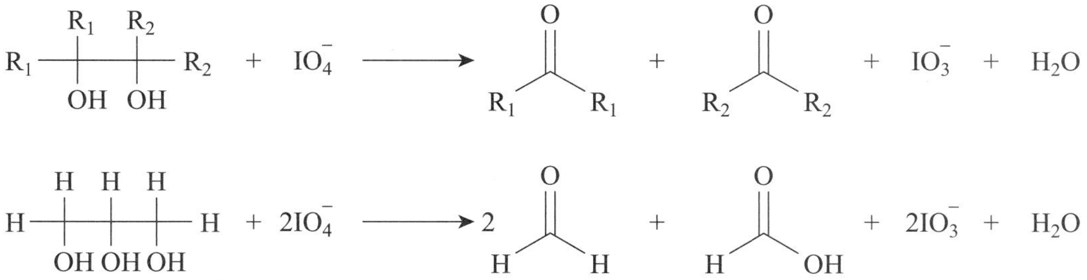

📌 圖15-3　甘油與過碘酸根之反應

　　過碘酸根與碘離子(iodide)反應產生三碘離子(triiodide anion)（圖15-4），所產生的三碘離子可以用澱粉當指示劑，以硫代硫酸鈉標準溶液滴定至終點，由硫代硫酸鈉溶液所消耗的體積，決定殘留的過碘酸，所加入過量過碘酸的量減去殘留的過碘酸即代表生質柴油中游離甘油的量。加入澱粉指示劑後，因溶液中有三碘離子，

呈現藍黑色，達終點時所有的過碘酸都已反應完，溶液中不再有三碘離子，所以由藍黑色變為透明無色，取反應後所得生質柴油進行皂化反應，依上述方法決定出總甘油量(G_t)；生質柴油直接與過碘酸反應，訂出游離甘油的量(G_f)，$G_t - G_f$則為生質柴油中未反應完全的油脂量，其中包括三酸甘油酯及接一分子、二分子脂肪酸的甘油。

$$IO_4^- + 3I^- + 2H^+ \longrightarrow I_3^- + IO_3^- + H_2O$$

$$I_3^- + 2S_2O_3^{2-} \longrightarrow 3I^- + S_4O_6^{2-}$$

$$2S_2O_3^{2-} + IO_4^- + 2H^+ \longrightarrow IO_3^- + S_4O_6^{2-} + H_2O$$

📌 圖15-4　甘油定量所用的化學反應方程式

實驗前作業

1. 請依實驗步驟畫出甘油定量分析的實驗流程。
2. 查出所用蔬菜油所含脂肪酸的種類及比例。

實驗器材

三角燒瓶(250 mL)·······································數個

磁石···1 個

加熱攪拌器···1 臺

圓底燒瓶(50 mL)··1 個

蛇形冷凝管···1 支

加熱包···1 臺

分液漏斗···1 支

滴定管···1 支

定量瓶(100 mL)··2 支

水浴鍋···1 個

沸石···數顆

移液吸管(25 mL)··1 支

安全吸球···1 個

藥品

無水甲醇(methanol, anhydrous, CH_4O) ·····················10 mL

氫氧化鈉(sodium hydroxide, NaOH) ·························· 0.175 g

蔬菜油···50 mL

氫氧化鉀／乙醇溶液(0.7 M) ·································15 mL

過碘酸(periodic acid, H_5IO_6)溶液(0.012 M) ··············· 150 mL

碘化鉀(potassium iodide, KI)溶液(0.9 M) ··················60 mL

硫代硫酸鈉(sodium thiosulfate, $Na_2S_2O_3$)標準液(0.1 M)··············50 mL

澱粉指示劑 ···12 mL

食鹽··· 適量

實驗步驟

一、生質柴油的製備

1. 取10 mL無水甲醇,加入250 mL的三角燒瓶中,並於瓶中放入一個磁石。

2. 秤取0.175 g氫氧化鈉,倒入步驟1的三角燒瓶中,攪拌至氫氧化鈉完全溶解。

   (註:氫氧化鈉不會立即溶解於甲醇中,需要攪拌約15分鐘。)

3. 取50 mL的蔬菜油,秤重後置於燒杯中,加熱至約40℃。

4. 將步驟3的蔬菜油倒入步驟2的氫氧化鈉／甲醇溶液,持續加熱、攪拌,加熱反應的溫度約為60℃,觀察並記錄溶液的變化。

5. 反應30分鐘後將反應混合物倒入一個100 mL的分液漏斗,此時反應混合物分為二層。下層的液體由分液漏斗下方開口漏出,上層液體則由分液漏斗上方開口倒出,分別收集上、下二層液體。

6. 判斷哪一層是甘油,哪一層是生質柴油。

二、生質柴油中的皂化反應

1. 取一個50 mL圓底燒瓶、冷凝管及加熱包，架設迴流反應裝置，在圓底燒瓶中放2~3顆沸石。

2. 取5.000 g的生質柴油，加入步驟1的圓底燒瓶中，加入15 mL、0.7 M氫氧化鉀的乙醇溶液，迴流反應30分鐘。

3. 取一支分液漏斗，加入9 mL的乙酸乙酯及2.5 mL的冰醋酸。

4. 取5 mL的去離子水，由冷凝管頂端加入，清洗管中的溶液。將洗過的水溶液及反應混合物加入分液漏斗中，圓底燒瓶以約20 mL的去離子水清洗數次，將洗液完全倒入分液漏斗中，混合均勻後等待分層。

5. 將水層漏到100 mL的定量瓶中，以去離子水稀釋到刻度後備用。

三、生質柴油中甘油的含量

1. 取5.000 g的生質柴油，加入一個乾淨的分液漏斗中，加入9 mL的乙酸乙酯及約50 mL的去離子水，混合均勻後等待分層，將水層漏到100 mL的定量瓶中，加水稀釋到刻度、備用。

2. 分別取25 mL的過碘酸溶液，加入6個250 mL的三角燒瓶中，並標示1~6。

3. 在第1、2個三角燒瓶中各加入25 mL的去離子水。

4. 在第3、4個三角燒瓶中各加入25 mL步驟2-5的水溶液。

5. 在第5、6個三角燒瓶中各加入25 mL步驟3-1的水溶液。

6. 將每個燒瓶中的溶液混合均勻，靜置反應30分鐘。

7. 在第一個三角燒瓶加入10 mL的碘化鉀溶液及2 mL的澱粉指示劑，此時溶液呈藍黑色，靜置60秒，以硫代硫酸鈉標準溶液滴定直到藍黑色消失為止，記錄所消耗硫代硫酸鈉標準液的體積。

8. 分別取步驟4及5的三角燒瓶，重複步驟7，記錄每瓶溶液所消耗硫代硫酸鈉標準液的體積。

9. 已知加入過碘酸的量，利用步驟7及8所得的數據，計算各瓶中甘油的量。

10. 計算G_t、G_f及$G_t - G_f$。求生質柴油中總甘油及游離甘油的量。

四、生質柴油的定性測試

1. 雲點之測定：取適量（約1 mL）之生質柴油、市售柴油及大豆油分別加入小試管中，冰浴，觀察並記錄生質柴油的變化。

   （註：在冰浴中加入鹽巴，幫助降溫。）

2. 黏度之測定：

   (1) 取一支10 mL刻度吸量管，以安全吸球吸取生質柴油至10 mL刻度，取下安全吸球後迅速按住刻度吸量管之頂端開口，防止生質柴油流下，按碼錶記錄生質柴油完全流下所需的時間。

   (2) 取另一支10 mL刻度吸量管，重複上述步驟，改測量市售柴油的黏度。

參│考│資│料

1. http://www3.me.iastate.edu/biodiesel/Pages/biodiesel1.html, 2009年11月上網。

2. http://www.cyberlipid.org/glycer/biodiesel.htm, 2009年11月上網。

3. http://www.biodiesel-tw.org, 2009年11月上網。

4. 徐業良，汽車購買指南雜誌，2205年7月號，史丹福專欄。

5. http://greenchem.uoregon.edu/gems.html, Greener Education Materials for Chemists, Biodiesel Synthesis, Labotatory Procedures, John E. Thompson. Science Division, Lane Community College, 2006.

6. Bucholtz, E. C. J. Chem. Educ. 2007, 84, 296-298.

實驗日期：＿＿＿＿＿＿＿　評分：＿＿＿＿＿＿＿

科系：＿＿＿＿＿＿＿　年級：＿＿＿＿＿＿＿　班級：＿＿＿＿＿＿＿

組別：＿＿＿＿＿＿＿　姓名：＿＿＿＿＿＿＿　學號：＿＿＿＿＿＿＿

實驗十五 ▶ 轉酯化反應（預報）

一、目 的

二、實驗步驟（以文字、繪圖或流程圖的方式表示）

三、實驗前作業

1. 請依實驗步驟畫出甘油定量分析的實驗流程。

2. 查出所用蔬菜油所含脂肪酸的種類及比例。

四、其他注意事項

實驗日期：＿＿＿＿＿＿　　評分：＿＿＿＿＿＿

科系：＿＿＿＿＿＿　　年級：＿＿＿＿＿＿　　班級：＿＿＿＿＿＿

組別：＿＿＿＿＿＿　　姓名：＿＿＿＿＿＿　　學號：＿＿＿＿＿＿

實驗十五 ▶ 轉酯化反應

一、實驗數據

(一) 生質柴油的製備

1. 生質柴油的總質量：＿＿＿＿＿＿＿＿＿＿＿＿＿＿＿＿＿＿＿＿＿

2. 生質柴油的外觀：＿＿＿＿＿＿＿＿＿＿＿＿＿＿＿＿＿＿＿＿＿

3. 冰浴後生質柴油的外觀：＿＿＿＿＿＿＿＿＿＿＿＿＿＿＿＿＿＿＿

(二) 生質柴油中甘油的含量

瓶號	加入過碘酸溶液之體積及莫耳數		所消耗硫代硫酸鈉溶液之體積（mL）			過碘酸的量（mol）	
	體積 (mL)	莫耳數 (mol)	初始體積 (V_i)(mL)	終點體積 (V_f)(mL)	ΔV (mL)	殘留過碘酸的量	反應掉過碘酸的量
1							
2							
3							
4							
5							
6							

二、實驗結果

1. 平均總甘油量(G_t)：＿＿＿＿＿＿＿＿＿＿＿＿＿＿＿＿＿

2. 平均游離甘油量(G_f)：＿＿＿＿＿＿＿＿＿＿＿＿＿＿＿＿

3. 平均未反應完油脂量($G_t - G_f$)：＿＿＿＿＿＿＿＿＿＿

4. 總甘油重量百分比：＿＿＿＿＿＿＿＿＿＿＿＿＿＿＿＿

5. 游離甘油量重量百分比：＿＿＿＿＿＿＿＿＿＿＿＿＿＿

三、討論（請依總甘油及游離甘油的重量百分比討論實驗所得生質柴油的品質）

四、問題回答

1. 步驟1-1中為什麼要用無水甲醇？

答：

2. 請寫出步驟1-3中加熱的目的。

答：

3. 依所使用的油脂，畫出實驗所得生質柴油中主要的脂肪酸甲酯的化學結構。

答：

4. 如果純化生質柴油時不完全，未將氫氧化鈉完全洗淨，請寫出使用這樣的生質柴油可能的影響。

答：

目 的

利用胡蘿蔔中的酵素進行還原反應。

原 理

化學反應是原子重新排列組合，有些反應在低溫或室溫下就可以進行，有些反應需要高溫，甚至於要有催化劑才會發生，依化合物的性質而定。催化劑(catalyst)顧名思義是用來催化反應的進行，催化劑改變反應發生的路徑，降低活化能，使原本不易發生的反應能進行。過程中催化劑不會被消耗掉，因此只需要少量就能使反應持續不斷地進行。

催化劑的種類很多，包括酸、鹼、金屬、有機金屬及酵素等，依催化劑是否能溶於溶劑分成勻相(homogeneous)及異相(heterogeneous)的催化反應。酵素是另一大類，在水溶液中催化生物系統的化學反應。勻相的反應，催化劑與反應物都會溶於反應溶劑中，例如無機或有機的酸或鹼；鎳、鈀及鉑是常用的金屬催化劑，因其不溶於反應溶劑，屬於異相的催化劑，因反應是在金屬的表面進行，通常將催化劑製備成極小的顆粒，或使其吸附在支撐物的表面，增加催化劑的比表面積，以提高反應的效率。

將酵素應用在有機合成進行催化反應有限制性，例如因許多反應物不溶於水，溶解度及專一性的問題使適用的化合物種類有限；反應時需小心地控制溫度、酸鹼度，溫度不能太高，酸鹼度不能太高或太低；有機溶劑的含量太高會使酵素之結構不穩定；所能使用的反應物濃度也不能太高，否則會使反應的效率降低，產率變差。但因基因工程的發展及對酵素的瞭解，現今已可以大量生產及客製酵素，使酵素在合成方面的應用已經變得越來越重要。克服了上述的缺點後，利用酵素進行催化反應的優點包括符合綠色化學的原則、所產生的產物純度高且立體選擇性佳。水是進行酵素催化反應時最常用的溶劑，相較於其他有機溶劑是無毒且對環境友善。酵素是具有專一

性的催化劑，進行反應時，反應物通常先進入活化中心與酵素結合，因活化中心具有特殊的構型，只能與特定的化合物結合，催化時位於活化中心的胺基酸殘基與反應物作用，使反應物在活化中心的方位固定，除加速反應的進行外，不易產生其他的副反應，因此產物的純度高，省略純化分離的過程。

酵素的活性受溫度及酸鹼度的影響，進而影響反應的速率及效率。一般而言酵素在生理條件下作用最好，所以反應時需要注意到溫度及酸鹼度，有時會使用緩衝溶液，除了控制酸鹼度外，也提供反應時所需的離子強度。對部分的酵素而言，酸鹼度可以控制在6~10之間，反應的溫度為20~50℃，有一些特別的酵素可以在酸、鹼度較高或低的狀況或在超過80℃的環境中進行催化反應，例如聚合酶鏈鎖反應中所用的聚合酶就需要在高溫下進行反應。為了能有良好的產率，利用酵素進行反應時應先找出最適合的溫度及酸鹼度。除了這二個因素外，溶劑是影響產率的另一個重要因素。水或緩衝溶液是最合適的溶劑，但對有機反應而言，以水做為溶劑有許多的限制，例如非極性有機化合物對水的溶解度低，此時可以加入有機溶劑幫助反應物溶解。研究顯示酵素對有機溶劑有一定的耐受度，只要能維持酵素的穩定性，不論是使用與水互溶或不相溶的有機溶劑，都可以進行反應。

酵素依所能催化的反應分類及命名，國際生物化學與分子生物學聯盟(International Union of Biochemistry and Molecular Biology，IUBMB)之命名委員會訂定規則，將酵素分為七大類，表一列出酵素的EC編號(Enzyme Commission Number，EC number)及所催化的反應。如果由不同生物體中分離出的酵素催化相同反應，這些酵素會有相同的EC編號。

★ 目 表16-1　酵素分類、EC編號及可催化的反應

EC編號	酵素分類	可以催化的反應
1	Oxidoreductases （氧化還原酶）	還原C=O及C=C雙鍵；C=O之還原胺化；C-H、C=C、C-N及C-O鍵之氧化；輔因子之氧化還原
2	Transferases （轉移酶）	移轉胺基、醯基、磷酸基、甲基、醣苷基、硝基及含硫之官能基等
3	Hydrolases （水解酶）	酯、醯胺、內酯、內醯胺、環氧化物之水解；或水解反應之逆反應，形成前述之官能基

★ 🗐 表16-1　酵素分類、EC編號及可催化的反應（續）

EC編號	酵素分類	可以催化的反應
4	Lyases (Synthases)（解離酶／合成酶）	將小分子加到C=C、C=N、C=O雙鍵，可使C-C、C-N及C-O鍵斷裂
5	Isomerases（異構酶）	分子內的重排，形成異構物，例如外消旋化、差向異構作用、重排反應等
6	Ligases（連接酶）	藉由形成C-O、C-S、C-N或C-C間之鍵結使二分子結合起來，過程中會同時分解ATP
7	Translocases（移位酶）	使離子或分子移動，穿過細胞膜

　　在這個實驗中將利用胡蘿蔔中的酵素進行催化反應，將酮還原為醇。這一類反應通常是由醇去氫酶(alcohol dehydrogenases，ADHs)負責，在分類上是屬於第一類氧化還原酶，除了酮以外，還可以將醛、α-、β-或ω-酮酸脂(α-、β-、ω-keto esters)還原成相對應含羥基的化合物。這樣的反應可以是對掌體選擇性反應(enantioselective reaction)，以酮為例，如果羰基二邊所接的基團不同，產物有立體中心，但經由酵素催化，只會選擇性的產生其中的一種產物（圖16-1）。

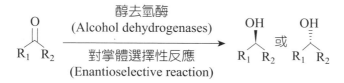

📌 圖16-1　具對掌體選擇性之反應，將酮還原為醇

　　當醇去氫酶進行這樣的反應時，需要輔因子(cofactor)做為氫的來源，生物系統中常用NADH(1,4-dihydronicotinamide adenine dinucleotide)或NADPH(dihydronicotinamide-adenine dinucleotide phosphate)，這些輔因子的價格非常昂貴，反應時無法加入與反應物等莫耳數的量，最好的方式是將反應後產生的氧化態輔因子回收再利用，由另一酵素將NAD^+或$NADP^+$還原成NADH或NADPH，使還原態的輔因子可以再進行反應（圖16-2），為了達到上述的目的，可以利用生物系統中原有的酵素。

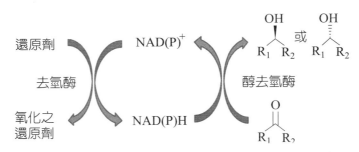

★ 圖16-2　醇去氫酶催化及輔因子再生之循環反應

　　實驗時先將胡蘿蔔切碎，利用其中的酵素將benzofuran-2-yl-methyl ketone還原為醇（圖16-3），因反應具立體選擇性，所以只會產生一種具對掌性的化合物。反應時以水做為溶劑，將反應物加入切碎的胡蘿蔔中，經過一段時間後取少量混合物，加入乙酸乙酯，將反應物及產物萃取至有機溶劑中，再以薄層色層分析(TLC)追蹤反應。

★ 圖16-3　benzofuran-2-yl-methyl ketone之還原反應

實驗前作業

1. 標示產物之掌性中心(chiral center)，並判斷掌性中心為R或S。
2. 預測反應物及產物的極性大小，及進行薄層色層分析時二者相對的位置。

實驗器材

50 mL塑膠離心管（含蓋）⋯⋯⋯⋯⋯⋯⋯⋯⋯⋯⋯⋯⋯⋯⋯⋯⋯⋯⋯⋯1個
水果刀⋯⋯⋯⋯⋯⋯⋯⋯⋯⋯⋯⋯⋯⋯⋯⋯⋯⋯⋯⋯⋯⋯⋯⋯⋯⋯⋯⋯⋯1把
砧板⋯⋯⋯⋯⋯⋯⋯⋯⋯⋯⋯⋯⋯⋯⋯⋯⋯⋯⋯⋯⋯⋯⋯⋯⋯⋯⋯⋯⋯⋯1塊
藥勺⋯⋯⋯⋯⋯⋯⋯⋯⋯⋯⋯⋯⋯⋯⋯⋯⋯⋯⋯⋯⋯⋯⋯⋯⋯⋯⋯⋯⋯⋯1支
正相TLC片⋯⋯⋯⋯⋯⋯⋯⋯⋯⋯⋯⋯⋯⋯⋯⋯⋯⋯⋯⋯⋯⋯⋯⋯⋯⋯⋯2片
展開槽⋯⋯⋯⋯⋯⋯⋯⋯⋯⋯⋯⋯⋯⋯⋯⋯⋯⋯⋯⋯⋯⋯⋯⋯⋯⋯⋯⋯⋯1個
濾紙⋯⋯⋯⋯⋯⋯⋯⋯⋯⋯⋯⋯⋯⋯⋯⋯⋯⋯⋯⋯⋯⋯⋯⋯⋯⋯⋯⋯⋯⋯1張

藥 品

實驗步驟

一、準備色層分析

1. 取出一片TLC片。用鉛筆在距底部約1公分處輕輕地畫一條線，在線上畫3個點。

2. 以毛細管取少量反應物溶液，點在第一個點上。

3. 配製10 mL的的展開液。取8.5 mL的正己烷及1.5 mL的乙酸乙酯混合均勻，倒入展開槽中，將剪好的濾紙放入展開槽中，轉動展開槽將濾紙浸濕，蓋上玻璃片，備用。

二、利用胡蘿蔔進行還原反應

1. 取約12克的胡蘿蔔（含皮），切碎後加入50 mL的塑膠離心管中。

2. 在離心管中加入20 mL去離子水。

3. 加入10 毫克反應物，混合均勻後開始計時，進行反應。反應時需間歇性以手搖晃離心管，混合反應混合物。

4. 10分鐘後取出0.5 mL的反應混合物，加入微量離心管中，加入0.25 mL的乙酸乙酯。混合後觀察溶液分層的狀況，確認化合物是在上層或下層。

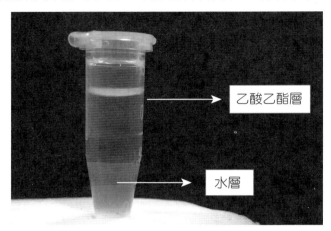

乙酸乙酯層

水層

5. 以毛細管取含有反應混合物的溶液，點在標示好的TLC片上（第二個點上）。

6. 40分鐘後再取出0.5 mL的反應混合物，重複步驟4及5，將反應混合物點在第三個點上。

（註：反應混合物的濃度不高，需要重複點片數次，確保有足夠的反應物及產物，照紫外光時能顯現出化合物的點。）

7. 將點好的TLC片放入展開槽中展開，等溶劑跑到接近頂端時用鑷子取出，待溶劑揮發後放在紫外燈下觀察，用鉛筆將黑點圈起來。

參|考|資|料

1. Ravia, S.; Gamenara, D.; Schapiro, V.; Bellomo, A.; Audum, J.; Seoane, G.; and Gonzalez, D. Enantioselective Reduction by Crude Plant Parts: Reduction of Benzofuran-2-yl Methyl Ketone with Carrot (*Daucus carota*) Bits. *Journal of Chemical Education* 2006, 83, 7, 1049.

2. Enzyme Catalysis in Organic Synthesis. Edited by Karlheinz Drauz, Harald Gröger and Oliver May. 2012, vol. 1. and 2.

3. Recommendations on Biochemical & Organic Nomenclature, Symbols & Terminology. International Union of Biochemistry and Molecular Biology. https://www.qmul.ac.uk/sbcs/iubmb/

實驗日期：＿＿＿＿＿＿　評分：＿＿＿＿＿＿＿

科系：＿＿＿＿＿＿＿　年級：＿＿＿＿＿＿　班級：＿＿＿＿＿＿

組別：＿＿＿＿＿＿＿　姓名：＿＿＿＿＿＿　學號：＿＿＿＿＿＿

實驗十六 ▶ 利用胡蘿蔔中的酵素進行反應（預報）

一、目 的

二、實驗步驟（以文字、繪圖或流程圖的方式表示）

三、實驗前作業

1. 標示產物之掌性中心(chiral center)，並判斷掌性中心為R或S。

2. 預測反應物及產物的極性大小，及進行薄層色層分析時二者相對的位置。

四、其他注意事項

實驗日期：＿＿＿＿＿＿＿　　評分：＿＿＿＿＿＿＿＿

科系：＿＿＿＿＿＿＿　　年級：＿＿＿＿＿＿＿　　班級：＿＿＿＿＿＿＿

組別：＿＿＿＿＿＿＿　　姓名：＿＿＿＿＿＿＿　　學號：＿＿＿＿＿＿＿

實驗十六 ▶ 利用胡蘿蔔中的酵素進行反應

一、實驗數據

反應物質量：＿＿＿＿＿＿＿＿＿＿＿＿＿＿＿＿＿＿＿＿＿

反應時間（分鐘）	加入乙酸乙酯體積(mL)	溶液顏色、狀態	
		上層	下層

二、實驗結果（畫出TLC片上之結果，標示反應物及產物）

三、討論（自由發揮）

四、問題回答

1. 請寫出影響反應效率之因素。

答：

2. 實驗時為何需要先將胡蘿蔔切碎後再進行反應？

答：

附錄
一

有機化學實驗器材

三叉夾

固定夾

雙頸、單頸圓底瓶

蛇形冷凝管

冷凝管

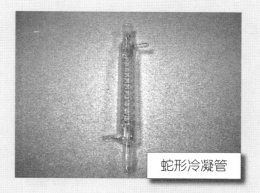

簡單蒸餾裝置

分餾管

白瓷漏斗

蒸發皿

TLC展開槽

磨砂溫度計

錶玻璃

水浴鍋

水流抽氣機
（簡易型）

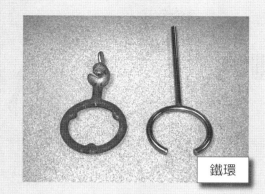

鐵環

附錄 二

熔點測定儀之操作

🧪 機型：Fargo MP-1D

1. LED數字顯示器。

2. 加熱速率控制鈕。

3. 熔點溫度捕捉燈 (Hold button)。

4. 快慢加熱選擇開關。

5. 加熱指示燈。

6. 毛細管放置入口（毛細管槽）。

7. 放大鏡。

8. 照明燈。

9. 電源開關。

一、操作說明

1. 檢查熔點測定儀上的「加熱速率控制鈕(2)」，確認鈕的位置在0，「快慢加熱選擇開關」在「Fast」的設定上。

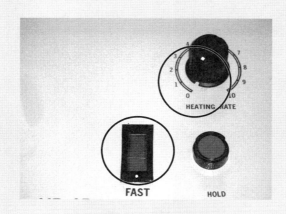

2. 打開「電源開關(9)」。此時可看到數字顯示器(1)及毛細管槽(7)內的照明燈亮。

3. 按下「Hold button(3)」停止加熱，此時加熱指示燈(5)熄滅。

4. 將含樣品的毛細管置入毛細管槽，再按「Hold button」開始加熱，加熱指示燈亮。

5. 調整加熱速率控制鈕到適當的位置。（加熱速率控制鈕每格最高達到的溫度約為45℃，例如將控制鈕轉到5，最高溫可達到235℃。）

6. 當溫度升高到熔點前10℃左右，將加熱速率控制鈕減半格，減緩加熱，使溫度上升速率約為每分鐘1℃左右。

7. 由放大鏡觀察化合物之變化並記錄熔點範圍。

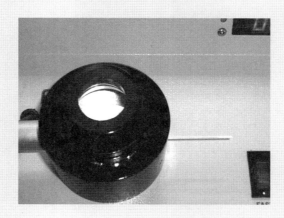

附錄 三

濾紙之摺法

1. 取一張濾紙，對摺、再對摺。

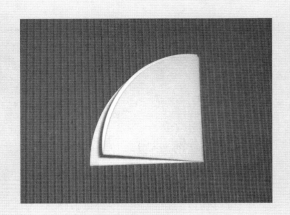

2. 打開後將其中一半向上摺疊，使角與中線頂端、邊與中線對齊。

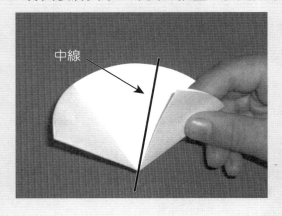

中線

3. 另一半的濾紙做同樣的處理,向上摺,使角與中線頂端、邊與中線對齊。打開濾紙,使濾紙呈現步驟1中的對摺狀態,濾紙上出現的摺線可作為以下摺疊步驟中對齊的基準。

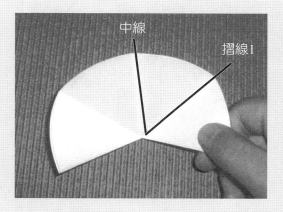

4. 將其中一邊向上摺,使角與摺線1的頂端對齊,邊與摺線1對齊。將圈起來的部分向後摺。

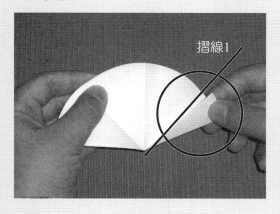
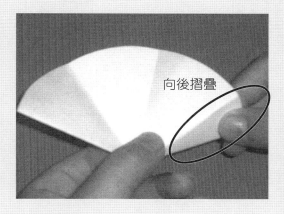

5. 將濾紙摺向後方的部分再往前摺,讓A邊與中線對齊。

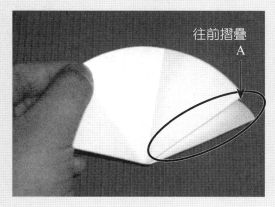
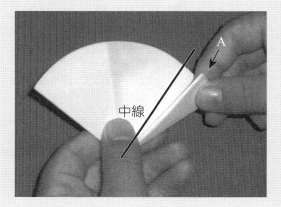

6. 如摺扇子一般，將濾紙摺疊的部分往後摺、往前摺、再往後摺，直到濾紙呈扇形
為止。

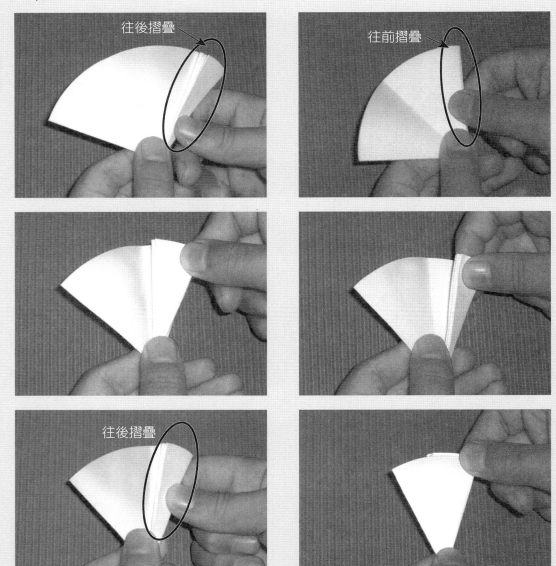

往前摺疊

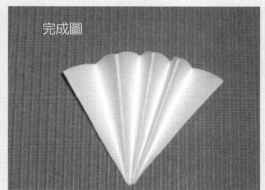
完成圖

7. 完成後將摺好的濾紙打開，便可置於漏斗上使用。

往前摺疊

附錄
四

薄層色層分析用
毛細管之製備

1. 選用兩端開口的毛細管，雙手各持毛細管的一端。

2. 將中段置於本生燈火焰中，加熱毛細管使之軟化。

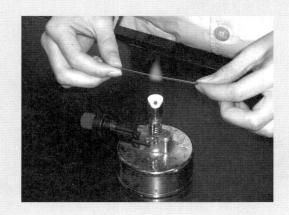

3. 加熱時輕轉毛細管,感覺毛細管軟化後離火,立即將軟化的毛細管往二端拉開,毛細管會呈現中間細兩端粗的狀況。

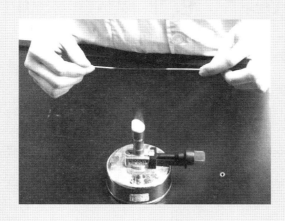

4. 在適當的位置用銼刀(或砂紙)將拉好的毛細管截斷,成為兩支一端開口極小的毛細管,供薄層色層分析點樣品之用。

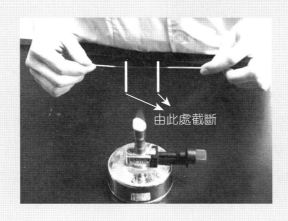

由此處截斷

附錄五 利用「ACD/ChemSketch」化學應用軟體畫出化合物的結構

目 的

　　利用「ACD/ChemSketch」化學軟體畫出化合物的化學結構，認識分子的立體結構。

原 理

　　「ACD/ChemSketch」是由總部設在加拿大多倫多市的Advanced Chemistry Development, Inc.(ACD/Labs)所發展出的免費化學軟體，與「ChemDraw」類似，可以畫出化合物的化學結構、實驗裝置圖、化學反應式及展現分子的立體結構、物理性質等。在這些功能中最重要的是「ACD/ChemSketch」可以顯現出分子的立體結構、鍵長及鍵角等，並可用滑鼠拖曳及轉動分子，而能清楚地看出分子的構造，這對初學有機化學的同學而言，是很好的輔助學習工具。有些時候初學者很難依文字的敘述，立刻在腦海中勾勒出分子的立體結構，需要分子模型的輔助，例如有機課本中談到環己烷這個分子時總是會提到「軸」、「赤道」、「順、反－異構物」等名詞，在談到光學異構物時更需要對有機分子的結構有具體的概念，才能順利地瞭解所研讀的內容，因此有了這個軟體的幫助，必定能建立起良好的結構概念，在學習有機化學的過程中達到事半功倍的效果。

　　有關「ACD/ChemSketch」化學軟體的詳細資料可以參考該公司的網站：http://www.acdlabs.com。ACD/Labs也有免費的軟體使用手冊可供下載，讓大家方便地學會軟體的操作。

MEMO

*Experimental Organic
Chemistry*

MEMO

Experimental Organic
Chemistry

MEMO

*Experimental Organic
Chemistry*

國家圖書館出版品預行編目資料

有機化學實驗/連經憶, 廖文昌編著. -- 第三版. --
新北市 ： 新文京開發出版股份有限公司, 2021.05.
面 ； 公分

ISBN 978-986-430-722-7（平裝）

1.有機化學　2.化學實驗

347.9　　　　　　　　　　　　　110006457

有機化學實驗（第三版）　　　　（書號：B334e3）

編　著　者	連經憶　廖文昌
出　版　者	新文京開發出版股份有限公司
地　　　址	新北市中和區中山路二段 362 號 9 樓
電　　　話	(02) 2244-8188（代表號）
F　A　X	(02) 2244-8189
郵　　　撥	1958730-2
初　　　版	西元 2010 年 01 月 15 日
二　　　版	西元 2013 年 01 月 15 日
三　　　版	西元 2021 年 05 月 20 日

New Wun Ching Developmental Publishing Co., Ltd.
New Age · New Choice · The Best Selected Educational Publications — NEW WCDP

新文京開發出版股份有限公司

NEW
WCDP

新世紀·新視野·新文京 — 精選教科書·考試用書·專業參考書